ざんねんなクルマ事典

完璧を目指した。
そうならなかった。

ざんねん
でも、愛おしい。

《監修》 片岡英明　《編集》 ベストカー編集部

はじめに

今につながる内燃機関の自動車が誕生して130年以上になる。人でいえば３世代という長い時間の間に、多くの自動車メーカーが生まれ、多くのクルマが産声をあげた。世界中に自動車メーカーや生産拠点があり、国を富ませた役割や国際交流を果たしたクルマも多い。また、地道に販売を積み重ね、ミリオンセラーになったヒット作も増えている。長寿を誇る名作、文化的な財産となり、歴史に名を残す傑作も少なくない。

戦後の急激な経済成長により、人々の暮らしに自動車は欠かせないものになった。ヒット作や話題になったクルマは、自動車史に燦然と輝く存在となっているから、マスコミは積極的に報道するし、自動車博物館などにも展示される。生産を終えた後も名誉は守られ、自動車専門誌や新聞などで取り上げられ、語られることが多い。

が、その逆に、急激な変化を見せた社会情勢や流行を読み違え、結果を残せなかった「ざんねん」なクルマも意外に多い。「ざんねん」なクルマは決して失敗作ではないが、メーカーやエンジニアにとっては負の財産だ。後ろめたい気持ちがあるのだろう。「ざんねん」なクルマの話は語られることがほ

とんどない。

ちょっとしたボタンの掛け違い、少しだけ残った隙。そういったものが理由で、生産打ち切りに追い込まれたクルマのなんと多いことか!?　成功と失敗は紙一重だ。販売が低調で、人々から失敗作のレッテルを貼られたクルマであることは確かだが、エンジニアの心意気を感じる偉大なモデルも多い。そこで今までと視点を変え、時代を読み違えて悲運に終わったクルマ、勇み足で販売が伸び悩んで看板倒れになってしまったクルマなど、ふだんは日陰者となっているクルマに光を当ててみた。

自動車史から葬られた、目立たない「ざんねん」なクルマを調べてみると、ある事実に直面する。マツダのユーノスプレッソやダイハツのアプローズなどのように、開発時の時勢、時代が悪い方向に影響した「ざんねん」なクルマも少なくないのだ。人々から忘れ去られた「ざんねん」なクルマを通して見えてくる時代、そして未来がある。自動車を取り巻く環境と流れが大きく変わろうとしている今だから、「ざんねん」なクルマの価値を伝えたい。

片岡英明

Contents

002 はじめに

009 PART 1 デザインがざんねん!

トヨタ／WiLL Vi ・・・・・・・・ 010
スズキ／X-90 ・・・・・・・・ 012
ホンダ／3代目インテグラ ・・・・・・・・ 014
三菱／初代ミニカ タウンビー ・・・・・・・・ 016
日産／レパード J.フェリー ・・・・・・・・ 018
トヨタ／2代目bB ・・・・・・・・ 020
トヨタ／グランドハイエース ・・・・・・・・ 022
マツダ／オートザム クレフ ・・・・・・・・ 024
トヨタ／ヴォルツ ・・・・・・・・ 025
マツダ／オートザム レビュー ・・・・・・・・ 026
ホンダ／モビリオ ・・・・・・・・ 028
ホンダ／2代目トゥデイ ・・・・・・・・ 029
日産／初代マーチ ・・・・・・・・ 030
トヨタ／WiLL サイファ ・・・・・・・・ 032

トヨタ／コロナ スーパールーミー …… 033
スバル／インプレッサ カサブランカ …… 034
三菱／エアトレック スポーツギア …… 035

036 《コラム》 伝説の名車 ココがざんねん❶

037 PART 2 機能がざんねん!

トヨタ／セラ …… 038
ダイハツ／ミゼットII …… 040
いすゞ／3代目ジェミニ …… 042
いすゞ／ビークロス …… 044
ホンダ／2代目Z …… 045
日産／ラシーン …… 046
マツダ／RX-8 …… 048
スズキ／ワゴンRワイド …… 049
ホンダ／CR-Z …… 050
三菱／トッポBJワイド …… 052
ホンダ／2代目クロスロード …… 053
マツダ／オートザム AZ-1 …… 054
スバル／アルシオーネSVX …… 056
ダイハツ／リーザ …… 058
トヨタ／2代目カムリ …… 060
ダイハツ／アプローズ …… 061
日産／キューブ キュービック …… 062

064 《コラム》ざんねんな日本のクルマ用語

065 **PART 3** **走ってざんねん!**

ミツオカ/オロチ …… 066
いすゞ/2代目ジェミニ …… 068
ホンダ/シティ ターボII …… 070
日産/5代目シルビア …… 072
マツダ/5代目カペラ …… 074
トヨタ/ブレイドマスター …… 076
マツダ/ユーノス コスモ …… 078
日産/初代プレーリー …… 080
日産/3代目シルビア …… 082
いすゞ/初代ピアッツァ …… 084
日産/パルサー EXA …… 085
ホンダ/3代目シビック …… 086

088 《コラム》 伝説の名車 ココがざんねん❷

089 **PART 4** **狙いがざんねん!**

ホンダ/CR-Xデルソル …… 090
ダイハツ/ネイキッド …… 092
トヨタ/キャバリエ …… 094
三菱/初代ミニカトッポ …… 096
日産/7代目スカイライン …… 098
スバル/3代目レガシィ ブリッツェン …… 100
三菱/ミラージュ ザイビクス(XYVYX) …… 102
ホンダ/アヴァンシア …… 104
スバル/ R1&R2 …… 106
スバル/ヴィヴィオ ビストロ …… 108
三菱/ギャラン スポーツ …… 109

スズキ／4代目セルボ（セルボモード） …… 110
スバル／インプレッサ グラベルEX …… 112
マツダ／ユーノス プレッソ＆AZ-3 …… 113
日産／2代目エクサ …… 114
ホンダ／初代インサイト …… 116
トヨタ／iQ …… 117
スズキ／キザシ …… 118

120 《コラム》「ざんねん」なメーカー BEST3

121 PART 5 名前＆そのほか いろいろざんねん！

トヨタ／初代セリカXX …… 122
いすゞ／ビッグホーン …… 123
マツダ／エチュード …… 124
ダイハツ／パイザー …… 125
三菱／スタリオン …… 126
マツダ／ラピュタ …… 127
日産／フーガ …… 128
三菱／ミラージュ ディンゴ …… 129
三菱／パジェロJr フライングパグ …… 130
三菱／レグナム …… 131
スバル／2代目インプレッサ …… 132
ホンダ／S-MX …… 134
マツダ／ボンゴ フレンディ …… 136
トヨタ／7代目カローラ …… 138
マツダ／3代目MPV …… 139

140 《コラム》 クルマなんでも世界記録

141 PART 6 ざんねんな輸入車たち!

フィアット／ムルティプラ ································ 142
シトロエン／ C3プルリエル ································ 144
ジープ／３代目ラングラー ································ 146
ルノー／アヴァンタイム ································ 148
サターン／ Sシリーズ ································ 150
フォード／ Ka（カー） ································ 152

154 おわりに

156 索引

Credit

編　集　ベストカー編集部／飯嶋 穣
有限会社プロップ・アイ
デザイン　黒須 直樹
ライター　谷津 正行

デザインが ざんねん!

PART 1

ある人にはカッコ悪く見えても、違う人には「いいね」となるのがデザインの難しいところ。でも「いいね」と言う人があまりにも少なかったり、デザインが使い勝手を損ねてしまうと……。それはやっぱり「ざんねん」なのです。

トヨタ／WiLL Vi

ざんねん度 ★★★★☆

現代に蘇ったカボチャの馬車。夢のような形の車体に自動洗車機もだまされる？

カワイイ見た目だけれど実用性に大きな問題が

その昔、日本の大手メーカー数社による異業種合同プロジェクト「WiLL」というのがありました。そのなかで、トヨタ自動車からのWiLLブランド第1弾として登場したのがこのクルマです。デザインモチーフは「カボチャの馬車」。とってもカワイイのですが、その特異なデザインが災いしたのか、このクルマを当時の自動洗車機で洗おうとすると誤作動を起こすという、ざんねんな話もありました。

またターゲットは10～30代の女性だったのですが、カタチが極端なため車両感覚がつかみにくく、肝心の女性たちは車庫入れや縦列駐車を行う際に、かなり苦労したようです。

クリフカットと呼ばれる、斜めに角度のついたリアウインドウがチャームポイント兼ウィークポイント。

TOYOTA WiLL Vi

2000～2001年

ノーマルルーフだけでなく、キャンバストップのモデルも用意されていました。

トヨタの衝突安全ボディ「GOA」の名は使われませんでしたが、車体の設計はGOA基準で作られています。

外観だけでなく、内装も曲線を多用した可愛らしいイメージで統一されています。インパネ部分はフランスパンをイメージしているそう。クリフカットのおかげで後部ドアも独特な形状。乗り降りする際に頭をぶつける危険性がありました。

SPEC

《発売年月》
2000年 1 月

《エンジン種類》
直4 DOHC

《総排気量》
1298cc

《最高出力／最大トルク》
88ps/12.5kg・m

《全長／全幅／全高》
3760×1660×1600mm

《車両重量》
940kg

《諸元記載グレード》
キャンバストップ

スズキ／X-90

ざんねん度 ★★★★★

「2人乗りのSUV」という あまりにも謎な、しかし前人未到の挑戦。

前評判はよかった！ 本気にしなけりゃよかった

スズキX-90はもともと、1993年の東京モーターショーなどに参考出品されたコンセプトカーでしたが、それが海外のプレス関係者などから妙にウケてしまいました。「ならば！」ということでスズキは1995年10月、コンセプトカーほぼそのままのカタチでそれを市販。大ウケするだろうと期待したのですが、結果はさんざんで、約２年の間に1348台しか売れませんでした。ちなみに同じスズキのスペーシアは１カ月間で１万台以上売れます。「２シーターのSUV」という謎のコンセプトが災いしたのでしょうが、X-90は少なくとも“伝説”にはなりました。マニアの間では今なお人気なんですよ。

SUVなのに２シーターという特異なコンセプト。後部はトランクになっています。

SUZUKI X-90

1995～1997年

グラスルーフは取り外しも可能です。外したルーフはトランク内に収納できました。

地面と車体の最も低いところとのクリアランスは160mm。SUVとはいってもムチャは禁物です。

ベースとなった車両はスズキのSUV、初代エスクードの2ドアモデル。内装部品などの一部は流用でした。

一般的な乗用車やクロスオーバーSUVで採用されているモノコック構造ではなく、強度が高いはしご型フレームを採用していました。そのためボディは頑強だったのですが、車両重量は2シーターのわりに重めでした。

SPEC

《発売年月》
1995年10月

《エンジン種類》
直4 SOHC

《総排気量》
1590cc

《最高出力／最大トルク》
100ps/14.0kg･m

《全長／全幅／全高》
3710×1695×1550mm

《車両重量》
1100kg

《諸元記載グレード》
ベースグレード

ホンダ／3代目インテグラ

ざんねん度 ★★★★☆

「100m先からも光る存在感」というよりは「100m先からも感じる違和感」

独特すぎるヘッドライト形状の持ち主

1989年登場の２代目ホンダ インテグラは俳優のマイケル・J・フォックスにCMで「カッコインテグラ」と言わせていましたが、たしかにカッコいいデザインでした。でも1993年登場の３代目は何を血迷ったか、「小さめの丸目４灯」という異様な顔つきで登場してしまいました。ホンダいわく「“100mアイ・キャッチ”をテーマに、遠くからでもひと目で違いを感じさせる、存在感のあるスタイリングを追求しました」とのことですが、100m以内に近づきたくない人も多かったかもしれません。でもいいクルマでしたので、２年後に普通のヘッドライト形状に変更されてからは好調に売れました。

後方から見た姿であれば、文句なし「カッコいい」といえるデザインでしたが。

HONDA INTEGRA (3rd)

1993～2001年

初期型最大の外見上の特徴である丸目4灯式のヘッドライト。ある意味ドキッとさせる顔立ちです。

ホンダ自慢のVTECエンジン搭載グレードの走りはパワフル。走りはいいんです、走りは。

3ドアのクーペ仕様のほか、4ドアのセダンタイプも販売されました。

ホンダ・ベルノ店専売だったインテグラの3代目。国内では不評で2年後には変えられてしまった丸目4灯式ヘッドライトですが、海外向けの輸出仕様ではその異形のままでした。どうやら海外の人好みの顔立ちだったのでしょうか……。

SPEC

《発売年月》
1993年5月

《エンジン種類》
直4 DOHC

《総排気量》
1797cc

《最高出力／最大トルク》
180ps/17.8kg･m

《全長／全幅／全高》
4380×1695×1335mm

《車両重量》
1100kg

《諸元記載グレード》
Si VTEC（MT）

三菱／初代ミニカ タウンビー

ざんねん度 ★★★☆☆

満を持して登場したレトロ顔。だが満を持すぎてブームは終わりかけていた。

もう少し時期が早ければ売れていたかも……？

三菱ミニカ タウンビーは、7代目のミニカに追加されたレトロバージョンです。1995年11月に登場したスバルのヴィヴィオ ビストロをきっかけに当時の日本では「レトロ軽カーブーム」というのが起こり、各メーカーがそのテの軽自動車を続々と作りはじめました。そしてちょっと遅れること1997年1月に登場したのがミニカ タウンビーです。7代目ミニカの前後にメッキパーツをあしらっただけの「アンティ」という限定モデルで様子をうかがったのち、満を持してタウンビーを登場させました。でも満を持すぎてブームが終わりかけていたからでしょうか、あまり売れませんでした。

ハイルーフ仕様のミニカトッポでも、レトロ風デザインのタウンビーが販売されました。

MITSUBISHI MINICA TOWNBEE (1st)

1997～1998年

こちらは出目金風ヘッドライトが特徴のタウンビーII。1997年10月に追加されました。

元々の７代目ミニカが持つ丸みのあるデザインとマッチして、違和感のないデザインなのですが……。

小型自動車の代名詞ともいえるほど、歴史の長いクルマだった三菱ミニカ。７代目ミニカは居住性を高める方向で改良されました。小さなボディサイズのまま、室内空間を広めに取っている点はグッド。内装デザインもカワイイ系です。

SPEC

《発売年月》
1997年１月

《エンジン種類》
直4 SOHC

《総排気量》
659cc

《最高出力／最大トルク》
55ps/6.1kg・m

《全長／全幅／全高》
3295×1395×1475mm

《車両重量》
660kg

《諸元記載グレード》
タウンビー

日産／レパード J.フェリー

ざんねん度 ★★★☆☆

最高レベルの高級車なのにざんねんながらブルーバードと似てしまった。

他人の空似でせっかくの魅力を理解されず

日産レパードJ.フェリーは、1980年に初代が販売された日産の高級サルーン「レパード」の3代目です。フェラーリなどにも使われる高級レザーを使ったり、英国のジャガーを意識したという足回りも絶品で、玄人筋からは高い評価を得ました。日産のカリフォルニアデザインセンター（NDI）が担当した「尻下がりのフォルム」も個性的で、ジャガーまたはアメリカの高級セダンを思わせるものがあります。でも国内では、ほぼ同時期の日産ブルーバードが似たような尻下がりデザインであったため、「高級車なのにブルーバードと間違われる」というざんねんな事態が多発してしまいました。

なだらかなラインを描く尻下がりのデザインが特徴的。ブルーバードと似てますが。

NISSAN LEOPARD J.FERIE

1992～1996年

V8エンジン搭載グレードも用意された、かなりパワフルなクルマ。ブルーバードとは違うんです。

ちなみに似ている尻下がりデザインの9代目ブルーバードセダンも、あまり人気にはなりませんでした。

内装も丸みの多いデザインで、外観の尻下がりイメージと揃えています。また全車、助手席にもSRSエアバッグシステムを搭載。安全装備に自信のあるクルマでした。アメリカでは受け入れられたようですが、日本国内では振るわず……。

SPEC

《発売年月》
1992年6月

《エンジン種類》
V6 DOHC

《総排気量》
2960cc

《最高出力／最大トルク》
200ps/26.5kg・m

《全長／全幅／全高》
4880×1770×1385mm

《車両重量》
1540kg

《諸元記載グレード》
タイプF

トヨタ／ 2代目bB

ざんねん度 ★★★★☆

「超若者向け」デザインにしたが、肝心の若者はその頃軽かSUVにしか興味がなかった。

内装のおしゃれさと使いやすさを両立できなかった

まずまずヒットした初代の後を受け、２代目トヨタbBは2005年にデビューしました。初代も「若者ウケ」を意識したデザインでしたが、２代目は初代以上に若者ウケを狙ったデザインテイストになったのです。しかし肝心の若者の興味はその頃、こういった普通車のトールワゴンではなく「スーパーハイトワゴンの軽」や「ドレスアップされた軽」、あるいは普通車でも「SUV」へと変化していました。また顔つきをこねくり回しすぎたせいか、初代bBにはあった「シンプルな造形美」もなくなってしまい、２代目bBは話題にこそなれど、さほど売れないまま静かに消えていきました。

最初からカスタマイズが想定されていて、さまざまなメーカーからエアロパーツが発売されました。

TOYOTA bB (2nd)

2005～2016年

インパクト抜群のフロント部分。ヤンチャな方々に愛されるのもわかる、いかつい印象です。

小型トールワゴンながら、居住性は充分に確保されていました。

ダイハツにはCOO（クー）、スバルにはデックスという名前の姉妹車がいました。

若者向けを意識したコンセプト。２代目bBはインテリア各部にスピーカーとイルミネーションを装備し、さながら「クラブ」がそのままクルマになったかのようです。ちょっとヤンチャ過ぎ？ ちなみに車名の由来はblack Boxの頭文字から。

SPEC

《発売年月》
2005年12月

《エンジン種類》
直4 DOHC

《総排気量》
1297cc

《最高出力／最大トルク》
92ps/12.5kg･m

《全長／全幅／全高》
3785×1690×1635mm

《車両重量》
1040kg

《諸元記載グレード》
S

トヨタ／グランドハイエース

ざんねん度 ★★★★☆

日産エルグランドを薄ぼんやりと真似した「名前だけハイエース」

グランビアをベースにそれっぽくしてみたものの……

トヨタ グランドハイエースは、1999年から2002年にかけて販売された3ナンバーサイズのミニバンです。「ハイエース」という名前は付いていますが、ベースはトヨタオート店（現ネッツ店）で販売されていた「グランビア」。中身はほとんど同じなのですが、当時一世を風靡していた日産エルグランドを強く意識したトヨタは、グランビアになんとなくエルグランドっぽいフロントグリルとリアコンビネーションランプを付けて「グランドハイエースです」とやったのでした。しかし文字どおり取ってつけたようなデザインであったため、エルグランドみたいなヒット作にはなりませんでした。

グランビアからデザインを変更したリアコンビネーションランプ。

TOYOTA GRAND HIACE

1999～2002年

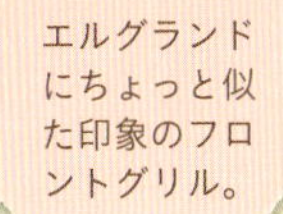

エンジンはボンネットの下にありますが、奥まった位置に積まれていたため、整備はやりづらかったようです。

ベースとなっているのはハイエースではなく、トヨタのワンボックスミニバン、グランビアです。

グランビアの姉妹車ですが、上級モデルらしい高級感を出すために外観も内装も豪華仕様。フロントグリルにはメッキを多用し、シートはボリューム感があって座り心地抜群です。グレードによっては両側スライドドアを装備していました。

SPEC

《発売年月》
1999年８月

《エンジン種類》
V6 DOHC

《総排気量》
3378cc

《最高出力／最大トルク》
180ps/30.5kg・m

《全長／全幅／全高》
4790×1800×1965mm

《車両重量》
1980kg

《諸元記載グレード》
リミテッド

マツダ／オートザム クレフ

ざんねん度 ★★★★☆

大人の男性向けなのにファンシー系デザインに決定した理由が知りたい。

販売店の傾向とデザインが噛み合っていなかった

オートザム クレフは、多チャンネル展開をしていた時期のマツダがオートザム店で販売していた中型スポーツセダンです。しかしオートザム店としての傾向から、2代目キャロル（軽自動車）風のちょっとファンシーなデザインを採用してしまいました。ですが中型スポーツセダンを求める層は30代以上の男性である場合が多いため、クレフの販売は不振を極めました。一説によると発売からわずか1年後の'93年6月には、早くも生産が打ち切られたとか……。

MAZDA AUTOZAM CLEF

1992～1994年

フロントグリルのない、カワイイ系デザインで登場したものの受け入れられず。末期にはフロントグリル付きのバンパーを装備した特別仕様車も登場しましたが、後の祭りでした。

SPEC

《発売年月》
1992年5月

《エンジン種類》
V6 DOHC

《総排気量》
1995cc

《最高出力／最大トルク》
160ps/18.3kg·m

《全長／全幅／全高》
4670×1750×1400mm

《車両重量》
1240kg

《諸元記載グレード》
V6 2.0

トヨタ／ヴォルツ

ざんねん度 ★★★★☆

ルーフレールと屋根の角度のズレは何なの？すべてがちぐはぐだった。

日本とアメリカ、両方でウケるクルマにはなれず……

2002年に登場したトヨタ ヴォルツは、トヨタと米GMが共同開発したSUV風モデルです。ちょっとエグい顔つきに関しては“好みの問題”だとしても、リアまわりのデザインはいただけません。屋根と、その上に装備されるルーフレールの角度が合っておらず、しかもこのルーフレールは耐荷重がきわめて軽いため、ほとんど「格好だけ」に近いシロモノ。後席も「広いのに、なぜか閉塞感が強い」という感じで、“ちぐはぐ”という言葉が似合うクルマでした。

TOYOTA VOLTZ

2002～2004年

プラスチックを多用した内装は、汚れのケアが簡単でアウトドア向きですが、安っぽさも感じられてしまい賛否両論。アメリカでは好評だったようですが、日本ではイマイチでした。

SPEC

《発売年月》
2002年８月

《エンジン種類》
直4 DOHC

《総排気量》
1794cc

《最高出力／最大トルク》
132ps/17.3kg･m

《全長／全幅／全高》
4365×1775×1605mm

《車両重量》
1250kg

《諸元記載グレード》
S

マツダ／オートザム レビュー

ざんねん度 ★★★☆☆

いくらお若い女性でも「可愛い感じなら何でもOK」というわけではありません。

狙いすぎたデザインはそっぽを向かれてしまいがち

マツダ オートザム レビューは、1990年から1998年まで販売された「ハイコンパクト2.5BOX」です。基本的なメカニズムはフォード フェスティバと共用で、フェスティバで人気だった電動キャンバストップも備えています。女性層を中心にそれなりの人気を集めましたが、あまりにも女性ユーザーを狙いすぎたデザインだったせいか、ブームはわりとすぐにしぼみ、日本国内ではさほどのヒット作とはなりませんでした。しかし、短い全長の中に大人４人がゆったり乗れる居住空間と、スーツケース２個が収まるトランクルームも持つ真面目な設計は、一部の玄人筋からは高い評価が与えられています。

フェスティバと同じメカニズムを用いていたため、電動キャンバストップもあります。

MAZDA AUTOZAM REVUE

1990～1998年

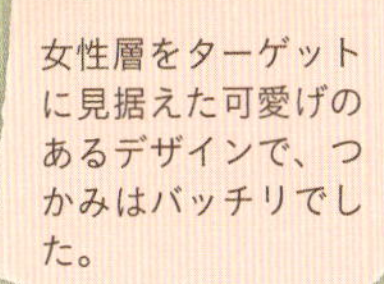

女性層をターゲットに見据えた可愛げのあるデザインで、つかみはバッチリでした。

搭載エンジンは1.5ℓのほか、77psを発生する1.3ℓもありました。

居住空間はなかなかの広さで、トランクルームも充分。実用的でしっかりしたセダンでした。

オートザムは小型車と軽自動車が中心の販売店でした。女性向けを狙った２代目キャロルがヒットしすぎてしまったせいで、以降はあからさまにファンシーなクルマを濫発。手堅い作りのレビューも、その実力を認めてもらえませんでした。

SPEC

《発売年月》
1990年10月

《エンジン種類》
直4 SOHC

《総排気量》
1498cc

《最高出力／最大トルク》
88ps/12.0kg･m

《全長／全幅／全高》
3800×1655×1495mm

《車両重量》
900kg

《諸元記載グレード》
K1キャンバストップ

ホンダ／モビリオ

ざんねん度 ★★★☆☆

「覗かれ放題の家」にはやっぱり住みたくないですから。

外が見えやすくてキッズ満足！ でも大人は……

ホンダ モビリオは、ホンダ フィットの車台をベースに作られた３列シート・７人乗りのコンパクトミニバンです。販売期間は2001年から2008年でした。後席のドアは、狭い場所でも乗り降りしやすい左右両側スライドドア。そして「小さな子供でも車外の景色が見えるように」と、ウインドウ下端を極端に下げたのですが、大人からは「周りから見えすぎちゃって恥ずかしい！」という意見もけっこうあったようです。物事のバランスというのは難しいですね。

HONDA MOBILIO

2001～2008年

初代フィットをベースに、小型ながら荷物を無理なく積めるよう作られました。ヨーロッパの路面電車「ユーロトラム」をモチーフに、視界のよさや空間の広さを意識しています。

SPEC

《発売年月》
2001年12月

《エンジン種類》
直4 SOHC

《総排気量》
1496cc

《最高出力／最大トルク》
90ps/13.4kg･m

《全長／全幅／全高》
4055×1685×1705mm

《車両重量》
1260kg

《諸元記載グレード》
A（FF）

ホンダ／2代目トゥデイ

ざんねん度 ★★★★☆

「余計な改善」はいちいちしないのがいちばんの改善なのかも。

凡庸なデザインになってしまいトゥモロウは来なかった

ホンダの初代トゥデイは斬新なデザインで人気を集めましたが、1993年に登場した２代目はボディ後端のハッチゲートを廃し、トランク付きのノッチバックセダンに。しかし荷室の使い勝手が極端に悪く、クルマ全体のデザインも正直「凡庸」としか言いようのないモノだったため、販売は低迷しました。ちなみに4／5ドア仕様の後部座席ウインドウは手動式です。一世を風靡した「トゥデイ」という車名ですが、この２代目で車名そのものが消えることに……。

HONDA TODAY (2nd)

1993～1998年

「ほとんどの積み荷が日常の手荷物程度」という軽自動車ユーザーの傾向から、小さなトランクスペースありきでデザインされたのですが、万人受けはしませんでした。

SPEC

《発売年月》
1993年１月

《エンジン種類》
直3 SOHC

《総排気量》
656cc

《最高出力／最大トルク》
48ps/5.8kg·m

《全長／全幅／全高》
3295×1395×1350mm

《車両重量》
660kg

《諸元記載グレード》
Mi

日産／初代マーチ

ざんねん度 ★★★☆☆

ステキなデザインなんですが巨匠、「あのクルマ」とちょっと似すぎてはいませんか？

「マッチのマーチ」はウーノとソックリだった……

今も製造販売が続いている「日産マーチ」の初代は1982年に登場しました。初代マーチは日産としては久しぶりのリッターカーで、「プラットフォームからエンジンまで新開発」というほどの気合が入ったモデルでした。イメージキャラクターは当時人気絶頂だった近藤真彦さんで、基本デザインはイタリアの巨匠ジョルジェット・ジウジアーロ氏に依頼されたのでした。巨匠のデザインはやはりさすがで、シンプルながらも美しいものでした。しかし、同じくジウジアーロ氏がデザインしたイタリアの「フィアット ウーノ」とあまりにも似ていたことで、若干の物議を醸しました。

角ばったスタイルのコンパクトカー。影絵クイズにされたらウーノと区別できません。

NISSAN MARCH（1st）

1982～1992年

フロントト部分のデザインはほぼほぼフィアットのウーノ。いくらなんでも登場時期が近すぎです。

キャッチコピーは「マッチのマーチ」、「スーパーアイドル」。イメージキャラは近藤真彦氏ですから。

性能そのものは良好で、初代はフルモデルチェンジされずとも、約10年もの間売れ続けました。

経済性が高く、使い勝手もいいクルマとしてさまざまな派生車種が登場。欧州でもマイクラという名前で販売され、高い人気でした。ちなみに、初代マーチは1982年、ウーノは1983年に販売されました。たぶん設計時期カブッてますよね。

SPEC

《発売年月》
1982年10月

《エンジン種類》
直４ SOHC

《総排気量》
987cc

《最高出力／最大トルク》
52ps/7.7kg･m

《全長／全幅／全高》
3735×1560×1395mm

《車両重量》
700kg

《諸元記載グレード》
i･z-f

トヨタ／WiLL サイファ

ざんねん度 ★★★★☆

アイデアは良かった。でも肝心の中身がちょっとアレだった。

ちょっと未来を感じさせるデザインだけれど……

「WiLLプロジェクト」の一環として2002年に登場した小型ハッチバックがWiLLサイファです。「ネットワーク社会とクルマの融合」がテーマで、G-BOOK（トヨタが開発した移動体通信システム）を利用して「基本料金＋走行距離で課金する」という斬新なリースプランもあったのですが、利用客の走行距離が想定より短く、採算割れを起こして2005年２月には終了してしまいました。クルマとしては後方視界が悪く、G-BOOKも正直、使いづらいものでした。

TOYOTA WiLL CYPHA

2002～2005年

縦に並んだライトや大きくふくらんだフェンダーなど独創的（ＳＦ的？）なデザイン。リアデザインもユニークですが、その影響で後方の視界が悪いため、バックするとき不安です。

SPEC

《発売年月》
2002年10月

《エンジン種類》
直4 DOHC

《総排気量》
1298cc

《最高出力／最大トルク》
87ps/12.3kg･m

《全長／全幅／全高》
3695×1675×1535mm

《車両重量》
990kg

《諸元記載グレード》
1.3L 2WD

トヨタ／コロナ スーパールーミー

ざんねん度 ★★★☆☆

中流家庭のためのストレッチリムジン、ここに爆誕！

PART 1

無駄にゆったりとしたスペース！ 微妙な高級感！

トヨタ コロナ スーパールーミーは、トヨペット店の累計販売台数1000万台を記念して1990年に発売された500台限定のモデルです。それはいいのですが、このスーパールーミー、なんとファミリーカーでありながら「ストレッチリムジン」なのです。ベースとなった9代目コロナのBピラー部分を210mm延ばすことで「妙に広大な後席空間」を実現させたのです。そして「リムジンなのに5ナンバー」というのも、コロナ スーパールーミーの絶妙な特徴でした。

TOYOTA CORONA SUPER ROOMY

1990年

リムジンですが全長は4690㎜しかないため、取り回しや車庫入れに困ることはないはず。リアシートの空間が広々としていて、不思議な気分になることうけあいのトンデモ車です。

SPEC

《発売年月》
1990年 5 月

《エンジン種類》
直4 DOHC

《総排気量》
1998cc

《最高出力／最大トルク》
125ps/17.2kg･m

《全長／全幅／全高》
4690×1690×1370mm

《車両重量》
1190kg

《諸元記載グレード》
スーパールーミー

スバル／インプレッサ カサブランカ

ざんねん度 ★★★★★

何を血迷ったかレトロ顔のインプレッサ。まったく売れなかった！

スポーティな車体に古風な顔のアンバランスさ

スバル インプレッサ カサブランカは、1998年に5000台限定で発売された「レトロ顔のインプレッサ スポーツワゴン」です。当時、クラシカルな外観の軽自動車が大流行していたのを受けて作ったものですが、ハッキリ言って「何を血迷ったのか？」と言いたくなるほどアンバランスなデザインであったため、売れ行きは今ひとつでした。しかしその後「カサブランカ用のパーツ単体」は、ネットオークションなどでそれなりの人気を集めたようです。

SUBARU IMPREZA CASABLANCA
1998年

インプレッサはフロントマスクのシャープなカッコよさでも人気……のはずですが、それを捨ててレトロ調に。内装も手抜かりなく、落ち着いたデザインに変わっています。

SPEC

《発売年月》
1998年12月

《エンジン種類》
水平対向4気筒 SOHC

《総排気量》
1493cc

《最高出力／最大トルク》
95p/14.3kg・m

《全長／全幅／全高》
4365×1690×1405mm

《車両重量》
1140kg

《諸元記載グレード》
カサブランカ（FF）

三菱／エアトレック スポーツギア

ざんねん度 ★★★☆☆

インパクトは強いが、そのせいですぐ飽きる罪なフロントマスク。

あまり個性的すぎるのも考えものです

三菱エアトレックは今でいうクロスオーバー車の先駆け的存在。なかでも2003年に追加された「スポーツギア」はアウトドア志向を強めたモデルですが、「専用フロントマスク」がいけませんでした。多くの人がこの顔に「おっ？」となるのですが、「でも結局（アクが強すぎて）買わない」という状況に陥ったのです。エアトレック自体は悪いクルマではなかったのですが、スポーツギアの評判のせいか、「エアトレック」自体がその後消滅してしまいました。

MITSUBISHI AIRTREK SPORT GEAR

2003～2008年

北米仕様のエアトレックがベース。フロントマスクを変更したほか、大型のバンパーを前後に装着して通常仕様とは大きく異なる印象に。個性的で好みがわかれるデザインでした。

SPEC

《発売年月》
2003年１月

《エンジン種類》
直４ SOHC

《総排気量》
2350cc

《最高出力／最大トルク》
133ps/20.4kg・m

《全長／全幅／全高》
4550×1750×1685mm

《車両重量》
1410kg

《諸元記載グレード》
スポーツギア（FF）

伝説の名車 ココがざんねん①

トヨタ／ 2000GT

「短いトンネルだとライトが上がりきる前に、トンネルが終わります」

前期型に乗るのなら、できれば夏は避けましょう。

1967~1970年まで製造されたトヨタ2000GTは、日本自動車史に燦然と輝く名車中の名車です。そんな名車のざんねんなところとは？　片岡英明氏に聞きました。

――2000GTの価格＝238万円は、当時の大卒者の初任給の約80倍。それだけ高価なクルマなので機関的な部分はよくできていました。ですが、夏に乗るのはけっこう厳しいクルマでしたね。とにかく車内が暑いんです。空力が良すぎたんでしょうね、窓を開けても風が入ってこない。当時のクルマがみんな備えていた三角窓もないですから、仕方がないので窓を開けて外に手を出し、その手を導風板代わりにして車内に風を入れてました。後期型になるとクーラーを後ろ側に付けられるんですけどね。

あと覚えているのはヘッドライトですね。パカッて上に開くリトラクタブルライトなんですが、開ききるまでに３秒かかるんです。ですからトンネルに入る時は、その時間を計算しておく必要がありました。短いトンネルだとライトが上がりきる前にトンネルを通過してたなんてこともありましたよ。

TOYOTA 2000GT

1967～1970年

《発売年月》
1967年５月

《エンジン種類》
直6 DOHC

《総排気量》
1988cc

《最高出力／最大トルク》
150ps/18.0kg･m

《全長／全幅／全高》
4175×1600×1160mm

《車両重量》
1120kg

《諸元記載グレード》
2000GT

アメリカ市場での販売に向け、左ハンドルモデルも少数作られました。エンジンは2300ccのSOHCエンジン。ですが結局、本格生産にはいたりませんでした。

機能がざんねん！

PART 2

数多く存在するほかのクルマとの違いをアピールするため、ユニークな機能を搭載する。ありがちですね。でも、せっかくのその機能もイマイチ使いづらかったりすると、「ココがざんねんだね」となるのです。

トヨタ／セラ

ざんねん度 ★★★★☆

真夏の暑さとドアの重さに耐えられる勇者のみがこのクルマに乗るがよい！

小型車に特殊な機構を詰め込んだバブルの象徴

トヨタ セラは、1990年から1994年まで販売されたトヨタの３ドアクーペです。ベースは同時期のスターレットという普通の小型車なんですが、安価でコンパクトでありながらスーパーカーの代名詞である「ガルウイング式ドア」を採用したという意欲作です。とてもカッコいいのですが、クルマの上半分がほとんどガラスであるため、真夏の車内は温室のように暑くなってしまいました。また肝心のガルウイング式ドアは肘を使って押し上げなければならないなど、その開け閉めにはコツも必要でした。しかし珍車というかレアな存在ですので、今もディープな愛好家たちに愛され続けています。

開閉時に横幅を取らないように工夫されているため、狭いスペースでも案外乗り降りはしやすいです。

TOYOTA SERA

1990～1994年

ルーフの大部分までガラスで、開放感抜群。ただし、外から車内が丸見えで、少し恥ずかしい！

油圧ダンパーにより支えられる巨大なドア。気温による影響を防ぐ温度補償機構が組み込まれています。

外から車内が見えやすいぶん、内装は凝ったデザインをしていました。ドアの開閉機構など随所に工夫が施され、生産コストは小型車のわりに高め。コンセプトカー「AXV-Ⅱ」をほぼそのまま量産した、バブル期ならではの贅沢さです。

SPEC

《発売年月》
1990年３月

《エンジン種類》
直4 DOHC

《総排気量》
1496cc

《最高出力／最大トルク》
110ps/13.5kg・m

《全長／全幅／全高》
3860×1650×1265mm

《車両重量》
930kg

《諸元記載グレード》
1500 EFI・S

ダイハツ／ミゼットII

ざんねん度 ★★★★☆

「現代版オート三輪」を目指したが、さすがにちょっと難しかった。

小回りは利くがコンパクト過ぎて使いにくかった

ダイハツ ミゼットIIは1996年から2001年まで販売された軽貨物自動車で、1950年代から1970年代にかけて活躍したオート三輪「ダイハツ ミゼット」のリバイバル版です。そのサイズは本当にコンパクトで、1950年代頃（まさに三輪のミゼットが現役だった頃）の軽自動車とほぼ同じ寸法です。そのためデビュー当初の乗車定員はたったの1名でした（後に定員2名の仕様も追加されましたが）。居住性と使い勝手がいまいちだったため、酒屋さんなどの小口配送にもさほど使われませんでしたが、まぁ大量生産を狙ったクルマではないので問題ないでしょう。ミゼットIIの誕生自体が奇跡です。

1997年1月に登場した、バン型のミゼットIIカーゴ。ATの2人乗り仕様車も設定されました。

DAIHATSU MIDGET Ⅱ

1996～2001年

積載スペースはかなり狭小！　だから、スペアタイヤはボンネットに装着しています。

オート三輪だった元祖ミゼットとは異なり、安全性を考えた４輪車です。

メーター類は非常にシンプルで、速度計と燃料計のみです。小口配送向けに狭い路地を走ることを想定して、最小回転半径は3.6mとかなり小回りが利く設計でした。ただし、最大積載量はたったの150kgしかありませんでした。

SPEC

《発売年月》
1996年４月

《エンジン種類》
直3 SOHC

《総排気量》
659cc

《最高出力／最大トルク》
31ps/5.1kg･m

《全長／全幅／全高》
2790×1295×1650mm

《車両重量》
550kg

《諸元記載グレード》
Dタイプ

いすゞ／3代目ジェミニ

ざんねん度 ★★★★☆

早すぎた怪発明？「ニシボリック・サスペンション」はあまりにも曲がりすぎた！

制御技術が追いつかず宝の持ち腐れになった

3代目のいすゞジェミニは1990年から1993年までの短期間、販売された小型乗用車です。その特徴は「ニシボリック・サスペンション」という、西堀 稔さんが開発したサスペンションです。当時は4WS（四輪操舵）が流行っていた時代で、ニシボリック・サスペンションというのはその一種です。これにより3代目ジェミニはカーブで非常によく曲がるのですが、その曲がり方には強烈な違和感があり、「曲がりすぎて逆に怖い！」などの声があとを絶ちませんでした。志は高く、狙いも悪くはなかったのですが、当時の制御技術が追いついていなかったのですね。「早すぎた発明」でした。

上位車種のイルムシャーやZZハンドリング・バイ・ロータスも登場しました。

ISUZU GEMINI (3rd)

1990～1993年

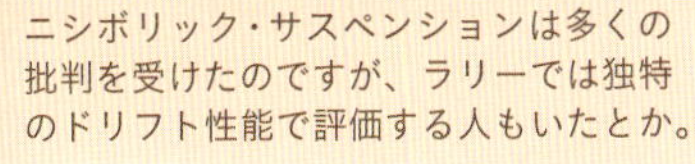

デビュー時はセダンのみの設定でしたが、後にクーペとハッチバックが追加されました。

「カプセルシェイプ」という一体型のボディ構造で、さらに厚めの鉄板を使用しているため強度は高め。ただし車両重量も重め。

販売当時のジェミニシリーズはラリーカーとしての実績があり、3代目もそれを意識して設計されていました。実際に、1992年の全日本ラリー選手権ではクラス優勝を飾っており、国内のラリーシーンでは評価されています。

SPEC

《発売年月》	1990年３月
《エンジン種類》	直4 SOHC
《総排気量》	1471cc
《最高出力／最大トルク》	100ps/13.3kg・m
《全長／全幅／全高》	4195×1680×1390mm
《車両重量》	970kg
《諸元記載グレード》	C／C（MT）

いすゞ／ビークロス

ざんねん度 ★★★☆☆

内装までぶっ飛んだデザインにする余裕がなかったのか？

見た目がよくても微妙に使いづらいせいで苦戦

いすゞビークロスは、1997年から1999年の2年間だけ販売された3ドアのクロスオーバーSUVです。もともとは1993年の東京モーターショーに出品されたコンセプトカーでしたが、それの反応が良かったため市販化が決定されました。しかし、斬新な外観は魅力的だったものの、内装は既存のSUVのものを流用したため、今ひとつパンチに欠けました。またバックドアや給油口が鍵でしか開けられないなどの難点もあって、販売はあまり伸びませんでした。

後方視界の悪さを補うために、当時はまだあまり普及していなかったバックカメラを標準採用。先進的な装備を取り入れつつ、パーツ流用で全体的なコストを抑えていました。

SPEC

《発売年月》
1997年4月

《エンジン種類》
V6 DOHC

《総排気量》
3165cc

《最高出力／最大トルク》
215ps/29.0kg･m

《全長／全幅／全高》
4130×1790×1710mm

《車両重量》
1750kg

《諸元記載グレード》
ベースグレード

ホンダ／2代目Z

ざんねん度 ★★★★☆

スーパーカー的軽だが整備性の悪さもスーパーカー並みに!

エンジンの配置が特殊で扱いにくかった

「Z」というのはホンダがかつて販売していた名作軽自動車ですが、こちらは1998年に「4シーターのミドシップ4WD軽」としていきなり謎の復活を遂げた2代目です。スーパーカーと同じミドシップレイアウト（エンジンをクルマの中央に配し、後輪を駆動させる方式）を採用したのはいいのですが、整備性もスーパーカー並みに悪化してしまうというざんねんな事態に。軽SUVとしては価格が高すぎたということもあって、わずか3年ほどで姿を消しました。

HONDA Z (2nd)

1998～2002年

整備性に難がある最大の理由は、ランボルギーニのようにエンジンが縦向きに置かれていたから。前後重量配分は50：50で運動性は良好でしたが、あまりに個性的過ぎました。

SPEC

《発売年月》
1998年10月

《エンジン種類》
直3 SOHC

《総排気量》
656cc

《最高出力／最大トルク》
52ps/6.1kg·m

《全長／全幅／全高》
3395×1475×1675mm

《車両重量》
960kg

《諸元記載グレード》
Z

日産／ラシーン

ざんねん度 ★★★☆☆

リアゲートを全開にしたい？ それならまず、この スペアタイヤホルダーを……。

おしゃれなデザインでファンは多かったものの……

日産ラシーンは1994年12月に販売が開始された、ちょっとクラシカルなデザインがステキなクロスオーバーSUV。現在でもファンの多いクルマです。ですがそのリアゲートを全開にするには、少々手間がかかりました。操作手順はこうです。①まずはスペアタイヤホルダーのロックを、レバーを引いて解除し、重いホルダーを横方向に展開します。②そうするとリアのガラスハッチが開けられますので、上に開けてください。③ガラスハッチが上に開くと、残ったリアゲート部分を開けるレバーが見えるので、それを操作してください。リアゲートが手前に倒れます。まるでパズルですね。

面白みはあるものの、手間がかかって使い勝手はイマイチだったリアハッチ。

NISSAN RASHEEN

1994～2000年

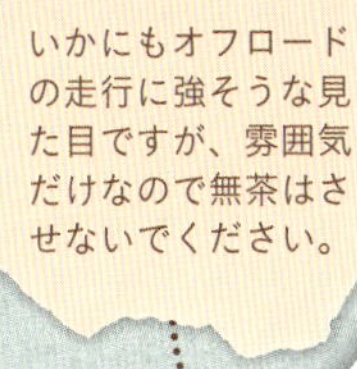
いかにもオフロードの走行に強そうな見た目ですが、雰囲気だけなので無茶はさせないでください。

登場時のエンジンは1.5ℓのみでしたが、後に1.8ℓ、2ℓエンジン搭載モデルも追加されました。

独特の青みを持った「ドラえもんブルー」と称される車体カラーも用意され、人気を集めました。

車名の由来は「羅針盤」。そして発売当時に開設された日産のホームページにつけられたタイトルは「日産羅針盤」。大きな期待を寄せられたクルマでしたが、2000年の販売終了以降、名前を受け継ぐ後継車が登場していません。

SPEC

《発売年月》
1994年12月

《エンジン種類》
直4 DOHC

《総排気量》
1497cc

《最高出力／最大トルク》
105ps/13.8kg・m

《全長／全幅／全高》
3980×1695×1450mm

《車両重量》
1200kg

《諸元記載グレード》
タイプI

マツダ／RX-8

ざんねん度 ★★★★☆

後ろのドアを開けんと欲すれば、まず前のドアを開けよ。面倒と思ってはいけない。

乗り降りの手間を考えると4ドアである意味は薄い？

マツダRX-8は、ロータリーエンジンを搭載した４ドアクーペ方式のスポーツカー。「高性能なスポーツカーなのに４ドア」ということで、家族持ちの元走り屋さんなどに大人気でしたが、後部に設けられた小さな「フリースタイルドア」は、そのロックを前側ドアで行うため、後席の乗員が降りる時は、先に前のドアを開ける必要がありました。２ドアクーペより便利なのは間違いないのですが、４ドアモデルと考えると、やっぱり微妙な使い勝手ですよね。

MAZDA RX-8

2003～2012年

ロータリーエンジンはマツダのお家芸。しかしRX-8はサイド排気という方式を採用した結果、エンジン内に煤が溜まりやすいという問題が発生。度重なる改良を強いられました。

SPEC

《発売年月》
2003年４月

《エンジン種類》
直2 ローター

《総排気量》
1308cc

《最高出力／最大トルク》
210ps/22.6kg・m

《全長／全幅／全高》
4435×1770×1340mm

《車両重量》
1330kg

《諸元記載グレード》
ベースグレード

スズキ／ワゴンRワイド

ざんねん度 ★★★☆☆

あまりにも ディーラー泣かせだった 魔の電子制御4速AT。

トラブルが頻発してクレームが殺到した

スズキ ワゴンRワイドは、1997年から1999年にかけて販売された、当時のワゴンRをベースに作られた小型トールワゴン。現在のスズキ ソリオのご先祖さまにあたります。軽自動車であるワゴンRのボディをワイド化し、そして4気筒の1ℓエンジンを積んだのはいいのですが、とにかくATのトラブルが多発しました。「スズキ初の電子制御4速AT！」と売り出しましたが、雨あられのようにクレームが押し寄せ、ディーラーは大変だったようです。

SUZUKI Wagon R WIDE

1997～1999年

ベースとなったワゴンRは軽自動車登録でしたが、ワイドは普通自動車登録。ターボモデルの出力は100ps。リッター100psはなかなかのハイパワーですがATがざんねんでは……。

SPEC

《発売年月》
1997年２月

《エンジン種類》
直4 DOHC

《総排気量》
996cc

《最高出力／最大トルク》
70ps/9.0kg・m

《全長／全幅／全高》
3400×1575×1670mm

《車両重量》
860kg

《諸元記載グレード》
XM

ホンダ/CR-Z

ざんねん度 ★★★★★

まるで何かの罰ゲーム? 「CR-Zの後席に長時間座る」という刑。

閉所恐怖症の人には絶対におすすめできない空間

ホンダCR-Zは2010年代に販売されていたハイブリッドシステムを搭載したスポーティな小型クーペです。しかしそのリアシートの狭さは精神的にも肉体的にもけっこうキツいものがありました。後席に座ると、前席ヘッドレストとの距離が驚くほど近いため強烈な圧迫感があり、閉所恐怖症ではない人間でも思わず不安になってきます。ならば、ということで振り返って荷室を見ていると、そちらはけっこう広いため心が安らぎます。しかし長時間そうしていると、今度は車酔いしてしまいます。いやはや、全体として見ればなかなかいいクルマではあるのですが、後席については本当にざんねんでした。

スポーツカー然としたカッコいいルックスですが、そこまで加速力はありません……。

HONDA CR-Z

2010～2017年

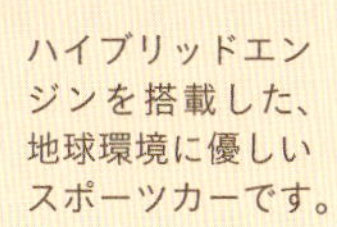

2012年のマイナーチェンジでエンジンとモーターの出力がアップ。少し速くなりました。

軽くて頑丈なボディ。シャープな外観はデザインに優れているだけでなく、空力性能も抜群です。

ホンダでは2008年以降、地球環境を意識した車両を「Honda Green Machine」と称してリリースしていました。グリーンマシーン3号として登場したCR-Zは環境に優しいハイブリッドカーでありながら、スポーツ性も追求した一台です。

SPEC

《発売年月》
2010年２月

《エンジン種類》
直4 SOHC＋モーター

《総排気量》
1496cc

《最高出力／最大トルク》
113ps/14.7kg・m

《全長／全幅／全高》
4080×1740×1395mm

《車両重量》
1160kg

《諸元記載グレード》
β（CVT）

三菱／トッポBJワイド

ざんねん度 ★★★☆☆

せっかくの恵まれた体格をぜんぜん活かせてないざんねんな長身選手。

税率が不利になるだけでそれほど便利ではなかった

三菱トッポBJワイドは、軽ハイトワゴンである「トッポBJ」の上級モデルとして1999年に登場した、1.1ℓエンジンを搭載するモデルです。純正エアロパーツで着飾ったのですが、その居住性は1710mmという高い車高がぜんぜん活かされておらず、1.1ℓという中途半端な排気量についても「自動車税が無駄に高くなるだけ（自動車税は1ℓ超〜1.5ℓ以下までが同額。1ℓ以下なら安い）」ということで不評。全般的に「謎のムダ」が多いクルマでした。

MITSUBISHI TOPPO BJ WIDE

1999〜2001年

ほとんど軽自動車と変わらない居住性なのに、普通車登録だから乗車定員が1名増えているのをメリットと言えるかどうか。エンジン性能は悪くなかったのですが……。

SPEC

《発売年月》
1999年1月

《エンジン種類》
直4 SOHC

《総排気量》
1094cc

《最高出力／最大トルク》
78ps/10.5kg·m

《全長／全幅／全高》
3540×1555×1710mm

《車両重量》
870kg

《諸元記載グレード》
2WD

ホンダ／2代目クロスロード

ざんねん度 ★★★★☆

何のために作った3列目シートなのか、責任者を問い詰めたい。

PART 2

無理やり座席スペースを作った感アリアリ

クロスロードは、ホンダがかつて販売していたSUV。2007年に登場した2代目は3列シートの7人乗りクロスオーバーSUVというパッケージになったのですが、その3列目シートがかなりざんねんでした。ヘッドレストとリアガラスとの距離が恐ろしいほど近いため、3列目に座るはめになった乗員は「……もし追突されたら、ワタシはどうなるんだろう？」と不安にかられたものです。そしてもちろん、3列目をたたんでいない際の荷室容量はほぼゼロでした。

HONDA CROSSROAD (2nd)

2007～2010年

シート3列目のスペースを確保するために、スペアタイヤを廃して応急修理キットを採用したのも微妙にざんねん。窓が小さめで、人によっては閉塞感を感じるかもしれません。

SPEC

《発売年月》
2007年２月

《エンジン種類》
直4 SOHC

《総排気量》
1799cc

《最高出力／最大トルク》
140ps/17.7kg･m

《全長／全幅／全高》
4285×1755×1670mm

《車両重量》
1410kg

《諸元記載グレード》
18L

マツダ/オートザムAZ-1

ざんねん度 ★★★★★

スーパーカーというよりはスーパーカー消しゴム。でも、そこがイイのかも?

ユニークさは満点だが不満点もそれなりに……

AZ-1は1992年に発売された「軽自動車のスーパーカー」というか、スーパーカー消しゴムみたいな軽自動車です。スーパーカーと同じようにエンジンを車体中央に搭載し、俊敏なハンドリングを獲得したのですが、車内はとにかく狭く、シートはリクライニング不可能なバケットシートでした(助手席は前後のスライドもできない)。跳ね上げ式のガルウイングドアも、格好はいいんですが、そのダンパーはわりとすぐにヘタってしまい、ユーザーは途方に暮れたものです。でも4392台も生産され、今なおマニアには大人気です。ちなみにスカートの女性が乗り込むのはかなり難しいです。

ターボエンジンをミドに積み、操作性もかなり機敏。スピンや横転に注意!

MAZDA AUTOZAM AZ-1

1992～1995年

ガルウイングを採用した見た目の面白さと、「究極のハンドリングマシン」と称されるほどの走りの面白さを持ち合わせていたのですが、実用性が低かったことや軽自動車のなかでは高価だったことなどから、ヒットには至りませんでした。

SPEC

《発売年月》
1992年10月

《エンジン種類》
直3 DOHC＋ターボ

《総排気量》
657cc

《最高出力／最大トルク》
64ps/8.7kg･m

《全長／全幅／全高》
3295×1395×1150mm

《車両重量》
720kg

《諸元記載グレード》
AZ-1

スバル／アルシオーネSVX

ざんねん度 ★★★☆☆

「窓を全部開けたいって？そんな無茶なこと言うなよ」（ジウジアーロ談）←嘘

当時、スバルに高級車のイメージがなかったことも苦戦の理由

スバル アルシオーネSVXは、イタリアの鬼才・ジウジアーロがデザインを担当した2ドアクーペタイプの高級乗用車です。さすがはジウジアーロ先生というべきでしょうか、雰囲気バツグンの素晴らしいフォルムなんですが、「サイドウインドウが屋根まで湾曲しながら回り込んでいる」という斬新すぎるデザインのせいで、窓を全開にすることができませんでした。また当時のスバルは「高級車を作る会社」というイメージが皆無だったため、「スバルの高級車？　なんだそりゃ（笑）」みたいに受け取られてしまい、販売面でも少々苦戦しました。時代を先取りしすぎたのかもしれません。

サイドウインドウは全開にできません。利便性はともかく面白い仕組みではあります。

SUBARU ALCYONE SVX

1991～1997年

ドアガラスの端がルーフ部分に少し回りこんだデザイン。今見ても斬新でカッコイイですね。

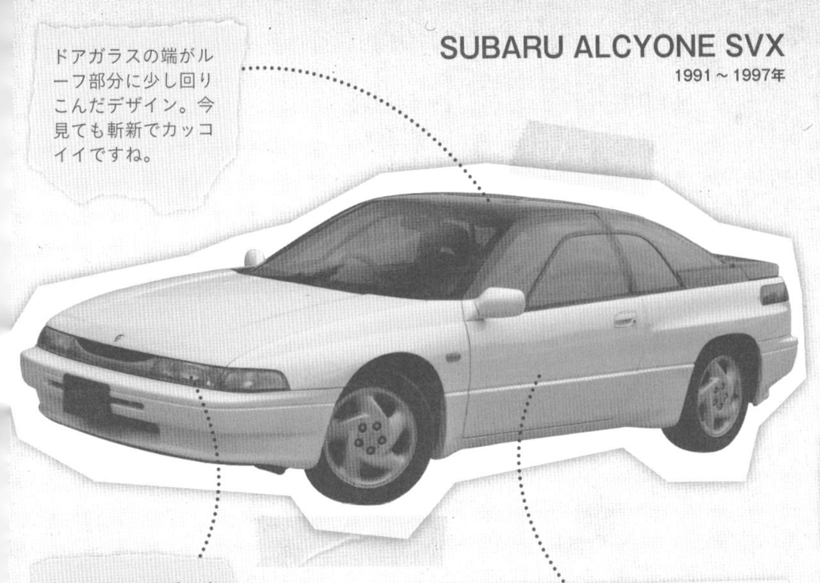

ジウジアーロ氏の当初のデザインスケッチでは、ヘッドライトはパカッと開くリトラクタブルタイプでした。

ボディのスタイリッシュさに性能も負けていません。水平対向６気筒のエンジンで走りもパワフルです。

長距離のドライブに適した高性能なマシンを目指して開発されました。発売時のキャッチコピーは「遠くへ、美しく」でした。バブル崩壊の影響もあり国内では振るいませんでしたが、根強いファンのいるクルマです。

SPEC

《発売年月》
1991年９月

《エンジン種類》
水平対向6気筒 DOHC

《総排気量》
3318cc

《最高出力／最大トルク》
240ps/31.5kg･m

《全長／全幅／全高》
4625×1770×1300mm

《車両重量》
1580kg

《諸元記載グレード》
バージョンE

ダイハツ／リーザ

ざんねん度 ★★★★★

軽自動車なのに「脱・実用車」という戦略はさすがに無理があったか。

バブルだからこそ登場した趣味的な軽自動車

ダイハツ リーザは、スズキ セルボに対抗するため1986年にダイハツが送り出した３ドアの軽自動車です。若い女性のパーソナルユースに的を絞り、いちおう後席もあるのですが、「事実上の2シーター」といえるほど前席の広さを優先した作りでした。それにより「脱・実用車」というスタイリッシュな売り出し方をしたのですが、さすがに後席が狭すぎたのか、あまり売れませんでした。また２シーターオープンの「リーザ スパイダー」というのも1991年に追加されたのですが、幌のトラブルが相次いだため1993年には生産中止に。結局、スパイダーは380台しか作られませんでした。

前席を広々とさせた一方で、後席は限界まで縮められています。

DAIHATSU LEEZA

1986～1993年

若い女性をメインターゲットに絞ったため、丸みのあるカワイイ系なデザインに仕上がっています。

女性をターゲットにしたためか、ターボはバンモデルのみに設定されていました。

ベースとなった車両は２代目のミラ。ミラより全高を下げて、前輪と後輪の距離も短縮しています。

オープンカー仕様のリーザ スパイダー。幌の開閉が不安定、トランクがない、なぜか２シーター、ボディの剛性もイマイチなどの問題点があり、ルーフを取って幌を付けただけにしか見えないデザインも不評でした。かなりのレア車です。

SPEC

《発売年月》
1986年12月

《エンジン種類》
直3 SOHC

《総排気量》
547cc

《最高出力／最大トルク》
32ps/4.4kg･m

《全長／全幅／全高》
3195×1395×1355mm

《車両重量》
560kg

《諸元記載グレード》
X

トヨタ／2代目カムリ

ざんねん度 ★★★☆☆

「で、二点式に戻すのか!?」という国民の総ツッコミが入った一台。

先進性を捨ててしまったせいで人気はイマイチに

トヨタ カムリは、まずは「セリカ カムリ」として登場し、2代目から「カムリ」になりました。その2代目がこちらのモデルで、ビスタは兄弟車です（ビスタとしてはこのモデルが初代）。で、後席にいち早く3点式シートベルトを採用したのですが、1984年のマイナーチェンジで2点式に戻してしまいました。大事な安全性での謎の退化が、ざんねんです。

ちなみに1983年4月以降のCMには俳優の田中邦衛氏が起用されました。シブいチョイスですね。

TOYOTA CAMRY (2nd)

1982～1986年

キャッチコピーは「大きなカムリ」。この2代目から前輪駆動化されたことで、その室内は当時のクラウンより広いと言われました。世界への輸出が始まったのも、この2代目からです。

SPEC

《発売年月》
1982年3月

《エンジン種類》
直4 SOHC

《総排気量》
1832cc

《最高出力／最大トルク》
100ps/15.5kg･m

《全長／全幅／全高》
4400×1690×1395mm

《車両重量》
990kg

《諸元記載グレード》
1800LT

ダイハツ／アプローズ

ざんねん度 ★★★★☆

シックな実用車だったが、度重なるリコールと車両火災騒ぎで撃沈。

細かい改善を繰り返したが名誉は挽回できなかった

ダイハツ アプローズは1989年デビューの小型5ドアハッチバックですが、4ドアセダンに見えるデザインが特徴的で、なかなかステキなクルマでした。しかし燃料タンクの設計にミスがあり、給油中にガソリンが逆流して噴出したり、それが引火してガソリンスタンドの従業員がヤケドを負うという事故が発生。これに関係するリコール届けを出したのですが、新聞がそれをセンセーショナルに報じたことで、アプローズは不人気車になってしまいました。

DAIHATSU APPLAUSE

1989～2000年

11年間もの長きにわたって販売され続けましたが、総生産台数は2万2000台。本体そのものは堅実な作りで、問題点を改善するためリコールも行ったのですが人気は得られず……。

SPEC

《発売年月》
1989年 7 月

《エンジン種類》
直4 SOHC

《総排気量》
1589cc

《最高出力／最大トルク》
97ps/13.3kg・m

《全長／全幅／全高》
4260×1660×1375mm

《車両重量》
920kg

《諸元記載グレード》
16L

日産／キューブ キュービック

ざんねん度 ★★★★☆

「座れないが、そこにある」という現代アートのような謎の3列目シート。

わずかなサイズアップで座席数を増やすのは無茶だった

日産キューブキュービックは、2代目の日産キューブをベースに作られた3列シート／7人乗りの派生車種で、2003年から2008年まで販売されました。ホイールベース（前後の車輪間の距離）と全長は普通のキューブより延ばしていますが、大幅に延長させたわけではありません。そのサイズで3列にしたので、当然3列目は激狭です。そして3列目に人が座るには2列目を限界近くまで前にスライドさせないと難しいため、結局は2列目も激狭に。3列目は緊急用ととらえ、普段はたたんでおくしかありませんでした。そもそものコンセプトに無理があったのか、後継モデルは登場していません。

3列すべてを座席として使う場合、荷物を置くスペースは当然なくなります……。

NISSAN CUBE³

2003～2008年

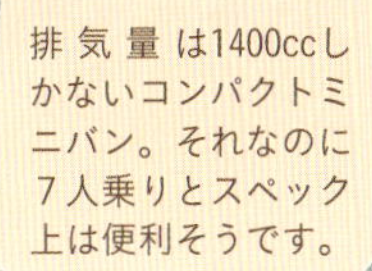

排気量は1400ccしかないコンパクトミニバン。それなのに7人乗りとスペック上は便利そうです。

Z11型キューブの前輪と後輪の距離を微妙に延長。座席用のスペースを申し訳程度に追加しています。

通常のキューブと見分けるポイントとしてはフロントグリルのデザインの違いがあります。ありますが、ほとんどの人にはその違いがわからないと思います。

SPEC

《発売年月》
2003年９月

《エンジン種類》
直4 DOHC

《総排気量》
1386cc

《最高出力／最大トルク》
98ps/14.0kg・m

《全長／全幅／全高》
3900×1670×1645mm

《車両重量》
1160kg

《諸元記載グレード》
SX

内装は基本的にベースとなったキューブと同等で温かみのあるデザイン。しかし無理やり作られた３列目のシートは居住性が悪いです。箱型のボディ形状のおかげで頭の上のスペースは確保されていますが、座席も足元スペースも狭い……。

ざんねんな日本のクルマ用語

クルマ用語にはカタカナ語が多用されていますが、
そのほとんどが海外では通用しないトホホな和製英語なんです！

ウインカー
→ turn signal(米)/indicator(英)(ターンシグナル/インディケーター)

昔、イギリスで使われていた口語表現が由来なのですが、最近ではほとんど使われない言葉。今、イギリスでウインカーというと「ウインクをする人」のことだと勘違いされてしまいます。

ガソリンスタンド
→ gas station (米)、petrol station (英)
(ガス・ステーション、ペトロール・ステーション)

ガソリンとスタンド（売店）を組みあわせて作られた完全な和製英語。ガソリンスタンドでは、英語圏の人は、まるで屋台でガソリンを売っているような印象を受けてしまうのです。

クラクション
→ horn (ホーン)

実はクラクションは商標名が由来しています。フランスのメーカー、クラクソン社が製造していた警笛装置が広まったため、クラクションが代名詞になってしまいました。

サイドブレーキ
→ parking brake、handbrake (パーキングブレーキ)

英語圏の国々では「駐車する時のブレーキ」または「手で操作するブレーキ」と表現。日本では運転席の横にたまたまあったから「サイド」ブレーキと呼んでいますが、これでは意味不明ですね。

バックミラー
→ rearview mirror (リアビュー・ミラー)

「後方の視界（rearview)」を確保するためのミラーという表現が正解。バックミラーを無理やり解釈しようとすると、バック（後方）にあるミラーだと思われてしまいます。

パンク、パンクしたタイヤ
→ flat tire (フラットタイヤ)

なんとパンクも和製英語。針などで穴を開けることを意味するpunctureから来ています。海外でもしタイヤがパンクしたことを伝えたいなら「I got a flat tire 」と、サラリと言いましょう。

ハンドル
→ steering wheel (ステアリング・ウィール)

handleは取り扱う、操作するといった意味があるほか、「取っ手」のことを表す言葉です。ハンドルはクルマを操作するために重要な部品ですが「クルマの取っ手」ではありませんよね……。

フロントガラス
→ windshield (ウインド・シールド)

車の前面に付いているガラスだから、フロントガラスでいいじゃないか！　と思われるかもしれませんが、これはまったく通じません。風を防ぐもの＝windshieldが正解です。

走って ざんねん!

PART 3

日常のモヤモヤも吹き飛ぶ、胸のすくような走り。
それのみを重視したモデルも存在するほど、クルマの
魅力を左右する大事な要素ですが、そこが「ざんねん」だね
というクルマも、やっぱり存在するわけで……。

ミツオカ／オロチ

ざんねん度 ★★★★☆

スーパーカーというよりは「スーパーなビジュアル」の楽ちんクルーザー。

いかついフェイスで最高に速そう……に見える

ミツオカ オロチは、国内最小の自動車メーカー「光岡自動車」がかつて作っていたスポーツカーです。2001年の東京モーターショーに同社が初出展する際に制作したコンセプトカーでしたが（これはホンダNSXにオリジナルのパイプフレームとボディをかぶせたものでした）、それが話題を呼んだため、2006年10月から市販したのです。市販版のオロチはまさに“スーパーカーそのもの”といった外見ですが、足回りなどの強度の問題から、実はあまり速くないクルマでした。でも、スーパーカーではなく「スーパーな（見た目の）クルーザー」として考えるなら、決して悪くはないクルマです。

光岡自動車によればオロチは「ファッションスーパーカー」。スタイリッシュでインパクト抜群。

2006～2014年

エンジンなど、動力まわりはトヨタのレクサス・RX330（ハリアーの海外名）を流用しています。

唯一無二の外観ということもあって、アニメとのコラボモデルも２度、製作されました。

名前の由来は日本神話に登場するヤマタノオロチ。大蛇のように有機的なヌメりのあるフォルムです。

スーパーカー的な見た目でありながら、日常的に使えるよう作られています。そのため、見た目以上に居住性は快適。シートも柔らかめです。パワフルさはありませんが、手軽に、快適に、スーパーカー気分を満喫できるクルマなのです。

SPEC

《発売年月》
2006年10月

《エンジン種類》
V６DOHC

《総排気量》
3311cc

《最高出力／最大トルク》
233ps/33.4kg・m

《全長／全幅／全高》
4560×2035×1180mm

《車両重量》
1580kg

《諸元記載グレード》
ベースグレード

いすゞ／2代目ジェミニ

ざんねん度 ★★★☆☆

古すぎるか、先進すぎるか。「その中間」にしてくれれば良かったのだが!

技術者の熱い魂がこもっていたものの……

2代目のいすゞジェミニは1985年から1990年まで製造販売された小型のセダンおよびハッチバックです。ボディデザインを担当したのはイタリアの巨匠ジョルジェット・ジウジアーロですが、いすゞの社内デザイン部門が最終的に修正したデザインがお気に召さず、巨匠の名前は伏せられたまま発売されました。いすゞはこのクルマにかなり気合を入れていましたが、ATはその当時すでに古くさくなっていた3速タイプ。そして新開発の5速セミオートマ「Navi5」は確かに先進的だったのですが、あまりにも先進的すぎて洗練度が落ち着いておらず、非常に扱いづらい変速機でした。

イルムシャーのようなスポーツグレードは、いまだにファンから支持されていますが……。

ISUZU GEMINI (2nd)

1985～1990年

いすゞとはこれ以前から付き合いのあるジウジアーロ先生ですが、フロントデザインの変更には難色を示した模様。

1987年のマイナーチェンジで顔つきが変更され、よりスタイリッシュになりました。（写真は前期モデル）

米国市場で当時人気のあった、小型車の需要を狙いました。コンパクトながら居住性はなかなか。

当時、いすゞが生産していた中型セダン、アスカと競合しないように、先代ジェミニよりも小型のクラスとして開発されました。「街の遊撃手」というキャッチコピーと、カースタントを使ったテレビＣＭは話題を呼びました。

SPEC

《発売年月》
1985年５月

《エンジン種類》
直4　SOHC

《総排気量》
1471cc

《最高出力／最大トルク》
86ps/12.5kg･m

《全長／全幅／全高》
4035×1615×1380mm

《車両重量》
850kg

《諸元記載グレード》
C/C　4ドアセダン

PART 3

ホンダ／シティ ターボⅡ

ざんねん度 ★★★☆☆

一見カワイイが、超じゃじゃ馬。そしてサーキットでは横転も。それを承知で乗るならOKですが！

パワフルすぎて扱いが難しい！ 男の子垂涎のクルマ

「トールボーイ」と呼ばれる、かなりユニークなデザインコンセプトを採用して人気となったシティ。販売期間は1981年から1986年でしたが、今なお一部のクルマ好きの間では人気です。ただし1982年に追加された「ターボ」は、最高出力100psとパワフルなのですが、車台がパワーに負けていたため超が付くほどのじゃじゃ馬でした。また1983年に登場した「ターボⅡ」も最高出力110psということで若い世代から人気を集め、ターボ車を使ったワンメイクレースも行われたのですが、背が高いことが災いしたのでしょうか、コースで横転してしまうクルマも見られました。

インタークーラーターボを搭載し、可愛い見た目に似合わないパワーを発揮。

HONDA CITY TURBO Ⅱ

1983～1986年

全高は高め(1470mm)ですが、立体駐車場にも停められるように作られています。

パワフルなのに車体重量は735kgと超軽め。レースでは横転が続出したというのもうなずけます。

エンジン回転数が一定以下の時にアクセルを全開にすると、10秒間だけ過給圧がアップして急加速する、「スクランブルブースト」という機能が装備されていました。男の子の夢とロマンが詰まった、いい意味で玩具のようなマシンです。

SPEC

《発売年月》
1983年10月

《エンジン種類》
直4 SOHC+ターボ

《総排気量》
1231cc

《最高出力／最大トルク》
110ps/16.3kg・m

《全長／全幅／全高》
3420×1625×1470mm

《車両重量》
735kg

《諸元記載グレード》
シティターボII

日産／5代目シルビア

ざんねん度 ★★★☆☆

恋人たちに愛されたかった。しかし遺憾ながら（？）走り屋に愛されてしまった。

幅広い層から支持されたものの……ちょっと不本意？

「S13」と呼ばれることも多い5代目の日産シルビアは、1988年から1993年まで販売された日産の2ドアクーペです。当時としては未来的なデザインで、広告のうたい文句も「アートフォース・シルビア（ART FORCE SILVIA）」としゃれていました。しかし助手席側のフレームが一部切れていたため、ボディ剛性は正直いまひとつでした。また日産は「おしゃれなデートカー」としてこのクルマを打ち出したかったのですが、当時すでに希少な後輪駆動のクーペであったことから、車内で愛を語る若者以外に、峠で愛車を振り回す若い走り屋からも猛烈なラブコールを受けてしまいました。

リアは新開発のマルチリンクサスペンションが採用され、安定性は抜群です。

NISSAN SILVIA（5th）

1988～1993年

ボンネットが低くスタイリッシュなデザインでデートカーに最適！という狙いで作ったのですが……。

グレードはJ's、Q's、K'sの３グレード構成。K'sはターボエンジンを搭載しました。

ライバルモデルが続々と前輪駆動になっていくなか後輪駆動で登場。1991年にはエンジンが２ℓになりました。

当時デートカーとして最高の人気だったホンダ・プレリュードを追い落とし、歴代シルビアのなかでも最高の販売台数を記録。デートカーとしてだけでなく、走り屋たちからも人気が出た結果と考えると、日産的にはざんねんかも知れません。

SPEC

《発売年月》
1988年５月

《エンジン種類》
直4 DOHC

《総排気量》
1809cc

《最高出力／最大トルク》
135ps/16.2kg･m

《全長／全幅／全高》
4470×1690×1290mm

《車両重量》
1090kg

《諸元記載グレード》
J's（MT）

マツダ／5代目カペラ

ざんねん度 ★★★★☆

「気合と勢いは充分。だが仕上がりは不十分」というバブル期にありがちな話。

「初」の機能を盛り込もうとしすぎたのが敗因

5代目のマツダ カペラは、1987年から1997年まで製造販売された中型乗用車です。4ドアセダンのほかに5ドアハッチバックや2ドアクーペ、そしてステーションワゴンもラインナップし、さらには「世界初の電子制御車速感応型4WS（四輪操舵）」や「量産エンジン初のプレッシャーウェーブスーパーチャージャー（脈動型過給器）ディーゼル」も採用するなど、かなり前のめりな開発が行われたモデルでした。しかし電子制御車速感応型4WSもプレッシャーウェーブスーパーチャージャーディーゼルも今ひとつ信頼性が低く、大ヒットには至りませんでした。気合は充分だったのですが。

海外にファンの多いクルマ。西ドイツでは、オートモーター・ウント・スポルト誌の「読者が選ぶインポート・カー・オブ・ザイヤー」に連続選出されました。

MAZDA CAPELLA (5th)

1987～1997年

プレッシャーウェーブスーパーチャージャー付ディーゼルエンジンはガソリンエンジン並みの高性能！

日本車離れしたクリーンでスッキリとした外観。海外で人気だったのもわかります。

電子制御車速感応型4WSは低速では小回りが利き、高速では安定性が得られるシステム、という触れ込み。

プレッシャーウェーブスーパーチャージャー自体の性能は悪くなかったのですが、すぐに動作不良を起こすことで知られていました。細かい整備を怠らなければ長く使えたのですが、手間をかけたくないユーザーが多かったのです。

《発売年月》
1987年５月

《エンジン種類》
直4 SOHC
ディーゼルターボ

《総排気量》
1998cc

《最高出力／最大トルク》
82ps/18.5kg･m

《全長／全幅／全高》
4515×1690×1410mm

《車両重量》
1200kg

《諸元記載グレード》
ディーゼル SG-X

トヨタ／ブレイドマスター

ざんねん度 ☆☆☆☆☆

「これで280馬力？」と多くの人が乗ってずっこけたカタログ番長。

カタログスペックだけを見て勝手に期待しちゃダメ！

トヨタ ブレイドは2006年から2012年にかけて販売されたハッチバックで、コンセプトは「大人しくない大人に、ショートプレミアム」でした。要は“小さな高級車”ということでしょうか？ そして「ブレイド マスター」というのは最高出力280psの3.5ℓ V6エンジンを搭載したホットグレードです。デビュー前は「これぞ日本のゴルフRか？」などと大いに期待されたのですが、そのエンジンは実はかなりおとなしめで、いわゆるホットではなかったため、多くの人が「ガクッ！」と軽くずっこけました。「そういうものだ」と思って乗れば悪くないのですが、期待が大きすぎたのでしょうか。

比較的小型なクルマで高級車の乗り心地を味わえるのが、ブレイドの売りでした。

TOYOTA BLADE MASTER

2007～2012年

ミディアム・コンパクトなカローラクラスの車体に、3.5ℓのV6エンジンを搭載。期待しますよね。

安定感のある足回りで操作感は良好。そこもまた、じゃじゃ馬感を得られなかった理由かもしれません。

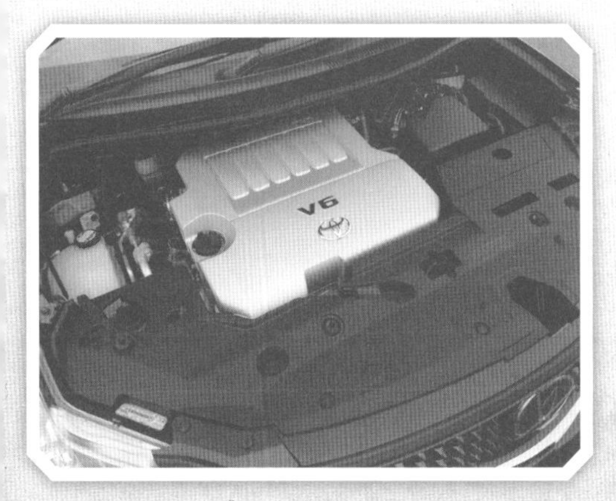

ガッカリ感の理由は、ブレイドマスターがスポーティなだけでなく、高級車らしい上品さを持ち合わせていたからかもしれません。エンジンが静かで、安定感のある乗り心地だったため、おとなしい印象を受けたのでしょう。

SPEC

《発売年月》
2007年８月

《エンジン種類》
V6 DOHC

《総排気量》
3456cc

《最高出力／最大トルク》
280ps/35.1kg・m

《全長／全幅／全高》
4260×1760×1515mm

《車両重量》
1470kg

《諸元記載グレード》
ブレイドマスター

マツダ／ユーノス コスモ

ざんねん度 ★★★★★

「実燃費は時に1km/ℓ台」という、環境省の人にはあまり聞かせたくない話。

超高出力の代償に燃費がメチャメチャ悪かった

ユーノス コスモは、マツダが販売チャネルの多角化を行っていた1990年にユーノスブランドの旗艦車種として登場した高級２ドアクーペです。量産車としては世界初の３ローター式ロータリーエンジンを搭載し、その滑らかさは「V12エンジン並み！」とも言われました。またデザインも本当にカッコ良くてステキです。しかし……燃費は最悪でした。超高出力の代償として「超高燃費」になってしまい、カタログ燃費ですら6km/ℓ台。街中での実燃費は「3km/ℓ台いけば御の字」という感じで、アクセルを踏み込むと「1km/ℓ台」という悲しい数字を叩き出してしまうことも、しばしばでした。

高級感のある内装も自慢。３ローターエンジン搭載車は、「CCS」と呼ばれるGPSカーナビを標準装備していました。

MAZDA EUNOS COSMO

1990～1996年

量産車としては世界初の３ローター式ロータリーエンジンを搭載！ 高出力！ 高燃費！（涙）

280psの３ローターに目が行きがちですが、230psの２ローター搭載車もありました。

マツダ５チャンネル体制時代、ユーノスブランドを背負って立つ技術の結晶！ ……だったんです。

鳴り物入りで登場した３ローターの20Bエンジン。当時は３ローターエンジンの高いパワーに耐えられるクラッチがなかったため、スポーツカーでは珍しいことに全グレードでAT車のみの設定とされました。少しざんねんですね。

SPEC

《発売年月》
1990年３月

《エンジン種類》
直3ローター
＋ターボ

《総排気量》
1962cc

《最高出力／最大トルク》
280ps/41.0kg・m

《全長／全幅／全高》
4815×1795×1305mm

《車両重量》
1590kg

《諸元記載グレード》
20B タイプS

日産／初代プレーリー

ざんねん度 ★★★★☆

「ミニバン全盛の未来」を見事に予見したが、予見しただけで終わった。

発想はよかったものの技術が追いつかず……

今でこそミニバン全盛の世の中ですが、初代日産プレーリーは「ミニバン」という言葉すら存在していなかった1982年にいち早く「両側ともセンターピラーレス構造」を採用し、「ベンチシート」「３列８人乗り」「回転対座」などのシートバリエーションも実現させていた画期的なクルマです。しかしボディの開口部が大きすぎてボディ剛性は非常に低く、車重に対してエンジンパワーも低すぎたため、販売はかなり苦戦しました。そのコンセプトは良かったというか、クルマの未来を確実に予見していたのですが、ざんねんながら技術が追いついていなかったのですね。無念です。

後部の広い空間は座席にも荷物を積むスペースにもできます。ミニバンの先駆けですね。

NISSAN PRAIRIE（1st）

1982～1988年

大人数での移動となると、商用ベースのワンボックスワゴンくらいしか選択肢がなかった時代に誕生しました。

キャッチコピーは「びっくりBOXY SEDAN」。当時は新しいセダンという位置づけでした。

センターピラーレス構造により、乗り降りも荷物を積むのもラクラク。でも剛性は犠牲になりました。

性能面での物足りなさから、ヒットには至りませんでした。しかし折りたたんでフルフラット化できるシートや回転可能なシートなど、レジャー向けのクルマに必要な機能が数多く盛り込まれ、後のミニバン開発にも影響を与えました。

SPEC

《発売年月》
1982年８月

《エンジン種類》
直4 SOHC

《総排気量》
1487cc

《最高出力／最大トルク》
85ps/12.3kg･m

《全長／全幅／全高》
4090×1655×1600mm

《車両重量》
975kg

《諸元記載グレード》
JW

日産／3代目シルビア

ざんねん度 ★★★★☆

見た目はスポーティだが中身は旧態依然のシロモノ。正直、あぶないクルマだった？

スタイルを優先して中身が伴わなかった

1979年から1983年まで販売された3代目の日産シルビアは、スポーティなデザインで注目された2ドアクーペおよび3ドアファストバックです。日本初のドライブコンピューターをはじめ、ダッシュボード上に並んだワーニングランプなど、ムーディな室内イルミネーションも特徴でした。しかし完全に「スタイル優先」のクルマで、メカニズムは旧態依然としたものでしかありませんでした。車台は2代目バイオレットの流用で、後輪サスペンションも古くさい形式。通常のエンジンはパワー不足で、「RS」というグレードのパワフルなDOHCには足が耐えられず、あぶなっかしい走りでした。

流行に乗ったデザインで人気は出たものの、古い車種から流用したパーツが多く、性能的には不満が残りました。

NISSAN SILVIA (3rd)

1979～1983年

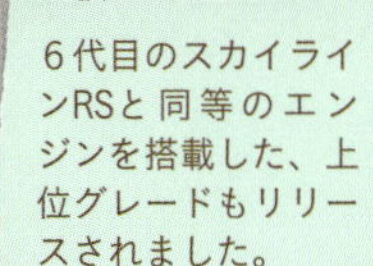

当時流行だった角型4灯式ヘッドランプを装備。カッコよくまとまったデザインのクルマでした。

写真は2ドアクーペですが、3ドアファストバックモデルもカッコよかったんです。カッコは……

国産車初のドライブコンピューター（電卓程度のものですが……）やダッシュボードに並ぶメーター、室内イルミネーションなど、最先端を感じさせる演出やデザインが功を奏してヒットを記録しました。性能はざんねんでしたが……。

SPEC

《発売年月》
1979年３月

《エンジン種類》
直4 SOHC

《総排気量》
1952cc

《最高出力／最大トルク》
120ps/17.0kg･m

《全長／全幅／全高》
4400×1680×1310mm

《車両重量》
1105kg

《諸元記載グレード》
ZS-L

いすゞ／初代ピアッツァ

ざんねん度 ★★★★☆

斬新すぎるデザインだが走りは意外と凡庸？まぁ諸説ありますが。

デザインだけでなく中身にもこだわって欲しかった

いすゞ ピアッツァは、1981年から1991年まで販売された、いすゞの3ドアハッチバッククーペで、デザインを担当したのはジョルジェット・ジウジアーロです。斬新かつ美しいデザインですが、走りについては「ざんねん」と言う人もいます。足回りは1970年代の初代ジェミニ、エンジンも117クーペに使われたものの改良版でパワー不足だ……という人も多いのです。まぁ諸説ありますが、斬新な見た目ほどの走りではなかったことだけは確かでしょう。

発売当初は法律上の問題で、似合わないフェンダーミラーがボンネットに装着されていました。ドアミラーが使えるようになったのは1983年、道路運送車両法の改正からです。

SPEC

《発売年月》
1981年6月

《エンジン種類》
直4 DOHC

《総排気量》
1949cc

《最高出力／最大トルク》
135ps/17.0kg・m

《全長／全幅／全高》
4310×1660×1300mm

《車両重量》
1190kg

《諸元記載グレード》
1.9 XE

日産／パルサー EXA

ざんねん度 ★★★☆☆

あまりにも「ドッカン」だったターボエンジン。今や逆に貴重な存在か？

危なっかしいほどの急加速を味わえた

日産パルサーEXA（エクサ）は、1982年に登場した2ドアクーペ。ごく普通の小型車だったパルサーの派生モデルです。リトラクタブルヘッドライトを採用した初代パルサーEXAのビジュアルはスポーティで、1983年には高出力なターボ版も追加されました。が、このターボがかなりのドッカンターボ（高回転域からいきなりターボが利き始めるタイプ）でした。ここまでドッカンだと「今や貴重」とも言えますが、もはや中古車はほとんど流通していません。

NISSAN PULSAR EXA

1982～1986年

100台限定で、オープンカー仕様のパルサー EXAコンバーチブルも発売されましたが、こちらのエンジンはターボなし。おまけにボディの剛性が低いという、ざんねんな仕様でした。

SPEC

《発売年月》
1983年５月

《エンジン種類》
直4 SOHC+ターボ

《総排気量》
1467cc

《最高出力／最大トルク》
115ps/17.0kg・m

《全長／全幅／全高》
4125×1620×1355mm

《車両重量》
885kg

《諸元記載グレード》
パルサー EXAターボ

ホンダ／3代目シビック

ざんねん度 ★★★☆☆

ワンダーシビックは乗り心地もある意味ワンダー？ボディ剛性等に難ありでした！

人気はあったが地味に難点も多かった

「ワンダーシビック」という通称でも親しまれたこちらは、ホンダ シビックとしては3代目にあたるモデル。1983年から1987年にかけて販売された当時の人気車です。「ZC型」というDOHCエンジンもラインナップされ、スポーティな走りを好む層や若者からは高い支持を得たのですが、当時のホンダ車の常で（？）ボディ剛性がけっこう不足していました。また、この種のハッチバックとしてはデザイン優先の作りであったためホイールストローク（車輪の上下方向への可動範囲）も不足気味で、荒れた道での乗り心地は正直今ひとつ。でもまぁ、元気よく走る「楽しいクルマ」ではありました。

緩やかにルーフを傾斜させて、後部のスペースを広く取っています。

1983～1987年

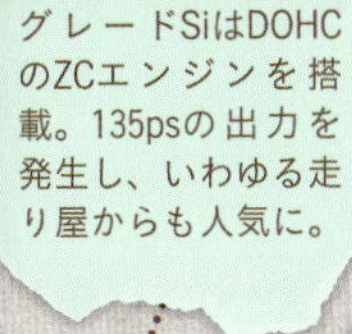

走るならきれいに舗装された道路！ 荒れた道では乗り心地が悪かったのです。

セダンもありましたが、正直地味な印象ですね。

SPEC

《発売年月》	1983年９月
《エンジン種類》	直4 SOHC
《総排気量》	1488cc
《最高出力／最大トルク》	90ps/12.8kg･m
《全長／全幅／全高》	3810×1630×1340mm
《車両重量》	770kg
《諸元記載グレード》	25M

高性能なエンジンを搭載したSiは、市販車をベースにした「グループA」の車両によって競われる、全日本ツーリングカー選手権（JTC）などのレースで活躍。スポーティな走りを求める若者を中心に、一定の人気を集めました。

伝説の名車
ココがざんねん❷

日産／初代スカイラインGT-R

エンジンが魅力なのに、その魅力を引き出すのが、かなり難しい

いっそのことL型エンジン搭載車を選んで改造する?

レース直系のS20型エンジンを積む初代スカイラインGT-Rは、クルマ好きにとって永遠の憧れ。そんなGT-Rのざんねんポイントは？　再び片岡英明氏に聞きます。

――そのS20型エンジンがけっこう気難しくて、なかなか完調というクルマにはお目にかかれませんでしたね。本当に完調だと快音を響かせながら高回転域まで回ってくれるんですが、その状態にするのが難しい。それと直６エンジンなのに振動が大きいんですよ。もし初代GT-Rのルックスが好きだというなら、S20型エンジンではなくL型エンジンを搭載する通常モデルのスカイラインを買って、GT-R風にモディファイしたほうがいいかもしれません。Ｌ型エンジンはチューニング、改造のノウハウも確立されていますから。それとGT-Rは操作系がどれも重いです。当然、ブレーキもブースターなどは付いてませんから、止めたい時はしっかり踏み込んでください。ミッションもちょっと感覚が曖昧で、慣れないと今どこのギアに入っているのか、わかりづらかったですね。付き合うにはそれなりの覚悟が必要な、男のクルマでした。

NISSAN SKYLINE GT-R (1st)

1969～1972年

1969年から1972年まで約2000台が作られた初代スカイラインGT-R。写真は1970年のマイナーチェンジで登場したクーペですが、デビュー時は4ドアセダンでした。

《発売年月》
1969年２月

《エンジン種類》
直6 DOHC

《総排気量》
1989cc

《最高出力／最大トルク》
160ps/18.0kg・m

《全長／全幅／全高》
4395×1610×1385mm

《車両重量》
1120kg

《諸元記載グレード》
GT-R（セダン）

狙いがざんねん!

なんの狙いもないまま登場してくるクルマというのは存在しません。ですが、その狙いのピントがちょっとズレていたり、狙いは合っていても登場時期がズレてしまうと……。「ちょっと、ざんねんだねー」と言われます。

ホンダ／CR-Xデルソル

ざんねん度 ★★★★★

「なぜ突然コレに?」というド直球の質問をせざるを得ない突然のキャラ変。

電動で開くルーフは確かに楽しいけれど……

「FFの小型軽量スポーツ」という新基軸でヒットしたホンダCR-Xの３代目には、「デルソル」というサブネームが付きました。1992年のことです。それはいいのですが、それまで「スポーティでコンパクトなFFクーペ」という部分こそが魅力だったCR-Xは、この３代目でなぜか「電動オープンルーフを備えた開放的で楽しい２シーター」というクルマに生まれ変わりました。確かに開放的で、DOHCエンジンを搭載するSiRというグレードは走りも痛快でした。しかしユーザーはこのような「突然のキャラ変」を望んでいなかったようで、北米以外ではぜんぜん売れませんでした。

ルーフを格納してオープンタイプに変形！ ちょっとワクワクしますがCR-Xの持ち味は？

HONDA CR-X delSol

1992～1997年

エンジンはB16A型DOHCを搭載。先代よりも出力はアップしているのですが、キャラクター性が……。

乗車定員は2名のみ。実用性を廃して、カッコよさ重視のスペシャルティカーとしてリリースされました。

顔つきも初代、2代目から比べると平和になりました。オープンカーという性格には合っているのかもしれませんが……。

デルソル（スペイン語で「太陽の」という意味）という名前のとおり、晴れた日は太陽の光を浴びながらドライブできます。電動オープンで屋根を収納できるという驚きのギミックが持ち味ですが、CR-Xにそんな需要はありませんでした……。

SPEC

《発売年月》 1992年3月
《エンジン種類》 直4 DOHC
《総排気量》 1595cc
《最高出力／最大トルク》 170ps/16.0kg･m
《全長／全幅／全高》 3995×1695×1255mm
《車両重量》 1090kg
《諸元記載グレード》 SiR（MT）

ダイハツ／ネイキッド

ざんねん度 ★★★★☆

「お前らがイイって騒ぐから市販したのに！」というダイハツの恨み節が聴こえる？

鉄が剥き出しのようなデザインはインパクト大

1997年の東京モーターショーにコンセプトカーとして出展され、大反響となったため1999年に市販化された軽自動車です。しかし実際にデビューさせてみたら、販売は伸び悩んでしまいました。無骨なビジュアルがいけなかったのか、それとも前期型のパワーウインドウスイッチがかなり使いづらいと悪評だったからでしょうか。わかりませんが、当時の日本には「軽自動車は女性向けの乗り物で、男が乗るものじゃない」みたいな古くさいイメージもあったことが、不振の最大の要因かもしれません。今見れば充分カッコいいですから、ネイキッドという軽自動車は「登場が早すぎた」のかもしれませんね。

立体駐車場に入れるサイズでありながら、天井までの距離が高い後部スペースは魅力でした。

パワーウインドウのスイッチ位置が運転席と助手席の間で使いにくいという意見も。

DAIHATSU NAKED

1999～2004年

鋼鉄が剥き出しになったような無骨なデザイン。カスタマイズ性の高さも売りのひとつでした。

ターボGリミテッドなど、走りにこだわりがある層向けの仕様も登場しました。軽自動車としては珍しかったゴツめの外観や、カタログに掲載された豊富なカスタマイズパーツなど、男性向けの軽という路線でしたが、販売は苦戦しました。

SPEC

《発売年月》
1999年11月

《エンジン種類》
直3 DOHC

《総排気量》
659cc

《最高出力／最大トルク》
58ps/6.5kg・m

《全長／全幅／全高》
3395×1475×1550mm

《車両重量》
800kg

《諸元記載グレード》
ネイキッド

トヨタ／キャバリエ

ざんねん度 ★★★★★

政略結婚ならぬ「政略発売」。でも、そういうのは得てして上手くいかないもので……。

GMのシボレー・キャバリエのトヨタ版

トヨタ キャバリエは、トヨタが1996年から2000年にかけて販売した中型のセダンおよび2ドアクーペですが、もともとはアメリカGM社のクルマです。当時、日本とアメリカの間でもめていた貿易摩擦問題をなんとかするため、シボレー キャバリエのトヨタ版を日本で売ることになったのです。タレントの所ジョージさんをCMに起用しましたが、やはりというかなんというか、新古車（登録済み未使用車）やレンタカーがやたらと増えただけで、肝心の新車はほとんど売れませんでした。貿易摩擦の問題は確かにありましたが、世の中「出せば必ず売れる」というわけではないですからね。

昔は「アメ車はデカくて走りも大味」なんてイメージがありましたが、程よいサイズ感のクルマです。

TOYOTA CAVALIER

1996～2000年

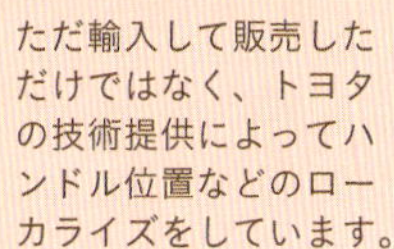

ただ輸入して販売しただけではなく、トヨタの技術提供によってハンドル位置などのローカライズをしています。

輸入車としては驚くべき低価格路線ですが、質はしっかりしています。バリバリCMも打ったのですが、ざんねんなことに販売台数には結びつきませんでした。

元となった３代目シボレー キャバリエは、スポーティで比較的低燃費なクルマなのですが、基本設計が古いという問題を抱えていました。ライバルが多い日本市場で勝ち残るには物足りない性能、そして魅力だったようです。

SPEC

《発売年月》
1996年１月

《エンジン種類》
直4 DOHC

《総排気量》
2392cc

《最高出力／最大トルク》
150ps/22.1kg･m

《全長／全幅／全高》
4595×1735×1395mm

《車両重量》
1300kg

《諸元記載グレード》
2.4（セダン）

三菱／初代ミニカトッポ

ざんねん度 ★★★☆☆

当時のユーザーの目が節穴だったのか？それとも宣伝が下手だったのか？

軽なのにキャビンの広いトールワゴン

三菱ミニカトッポは、普通の軽自動車であったミニカの背が高いバージョンで、今でいうところの「軽トールワゴン」です。背が高いため何かと使いやすく、キャビンも当時の軽としてはかなり広々としていました。またDOHC 5バルブエンジンやフルタイム4WDもあるなど、考えてみればけっこう魅力的だったのですが、当時のユーザーはその魅力に気づかなかったようで、売れ行きはパッとしませんでした。しかし後の1993年にデビューした初代スズキ ワゴンRを皮切りに、軽自動車はその後トールワゴン全盛時代へと進んでいきます。ミニカトッポの関係者はさぞ無念だったでしょう。

ガバッと右側に開く、横開きのバックドアが特徴的。使い勝手はわりとよさ気ですよね？

MITSUBISHI MINICA TOPPO（1st）

1990～1993年

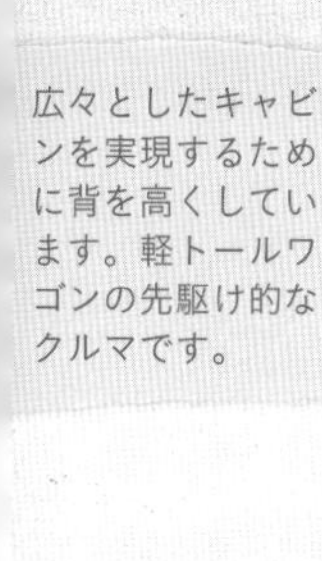

広々としたキャビンを実現するために背を高くしています。軽トールワゴンの先駆け的なクルマです。

デザインは左右非対称。右ドアよりも左ドアの方が大きく、後席に移動しやすいようになっています。

天井が高く、優れた居住性が最大の魅力。天井には小物を収納できるオーバーヘッドシェルフを用意し、広々とした室内を有効活用できるようになっていました。また、横開きのバックドアは縦に長い物を積みこむ際に便利で、宅配バンやクールバンといった商用タイプもリリースされました。

SPEC

《発売年月》
1990年２月

《エンジン種類》
直3 DOHC

《総排気量》
657cc

《最高出力／最大トルク》
46ps/5.3kg･m

《全長／全幅／全高》
3255×1395×1695mm

《車両重量》
690kg

《諸元記載グレード》
Q2

日産／7代目スカイライン

ざんねん度★★★★☆

「頑固一徹」だった男が妙な色気を出してもロクな結果にはならないもの?

高級感のあるハイソカー路線は無理があったか

「走りの質」を追求してきた日産スカイラインですが、1985年登場の通称7thスカイラインは、当時絶好調だったトヨタ マークIIの後を追って「ハイソカー路線」に舵を切りました。4輪操舵の「HICAS」や「RB20系エンジン」などの新メカニズムも投入しましたが、基本的には「ハイソカー」。「5連装カセットチェンジャー」なんてのも付いてました。でも新エンジンはスペックほどのパワーがなく、4輪操舵のデキもイマイチだったため「史上最低のスカイライン」とまで酷評されました。そして肝心のハイソカーっぽさも中途半端。人間もクルマも欲張るとロクなことにならないですね。

カードエントリーシステムを搭載。現在のインテリジェントキーシステムのご先祖です。

NISSAN SKYLINE (7th)

1985～1989年

ハイソカー路線とはいいますが、上位グレードではターボや高出力なエンジンで頑張ってます。

２ドアクーペのGTSシリーズには、時速70kmを超えるとフロントバンパーの下にさらにもう１段、空力パーツが自動で出現する機構が備えられていました。

４ドアハードトップモデルも登場。車体側面にピラーがないため、窓を開けるとかなりの開放感。

グレードによって６機種のエンジンから選べました。また、1987年のマイナーチェンジではエンジンの強化も行われています。日産としては「走りの質」を軽視したつもりはなかったのでしょうが、中途半端な路線変更が仇となりました。

SPEC

《発売年月》
1985年８月

《エンジン種類》
直6 DOHC

《総排気量》
1998cc

《最高出力／最大トルク》
165ps/19.0kg･m

《全長／全幅／全高》
4650×1690×1385mm

《車両重量》
1400kg

《諸元記載グレード》
4ドアハードトップ
GTパサージュ ツインカム24V

スバル／3代目レガシィ ブリッツェン

ざんねん度 ★★★★☆

ポルシェデザイン？ だから ポルシェがデザインしたんでしょ。えっ、違うの？

エアロパーツのデザインを監修したのはポルシェデザイン社

スバル レガシィ ブリッツェンは、2000年に発売された３代目レガシィの改良型から初めて設定された特別仕様車で、装着されているエアロパーツはドイツのポルシェデザイン社と共同開発されたものです。当時、多くのクルマ好きは「ポルシェがレガシィのエアロパーツを開発した！」と思い、「同じ水平対向エンジン同士で仲間意識が沸いたのかな」などと推測して盛り上がりました。ですが、ポルシェデザインはポルシェの子会社ではありますが、れっきとした別会社。真相を知ったファンは少しだけ落胆することになりました。特徴的なリアスポイラーなどなど、カッコいいんですけどね。

2001年にはワゴンバージョンの「BLITZEN 2001 MODEL」も登場しました。

SUBARU LEGACY BLITZEN

2000～2003年

フロントバンパーやリアバンパー、リアスポイラーが通常版のレガシィとは異なっています。

ブリッツェンシリーズは好評だったのでしょう。次の４代目にも設定されました。

アルミホイールもブリッツェン専用にデザインされたもの。足元も抜かりなくオシャレなんです。

ライト形状などは通常のレガシィと変わらないので、ぱっと見で区別するのはちょっと難しかったかもしれません。なお、ブリッツェン専用色である『プレミアムレッド』は鮮やか。発色を良くするために通常より一層多く塗られています。

SPEC

《発売年月》
2000年２月

《エンジン種類》
水平対向4気筒＋ターボ

《総排気量》
1994cc

《最高出力／最大トルク》
260ps/32.5kg・m

《全長／全幅／全高》
4630×1695×1410mm

《車両重量》
1480kg

《諸元記載グレード》
ブリッツェン

三菱／ミラージュ ザイビクス（XYVYX）

ざんねん度 ★★★★★

狙いがわからない。というか、そもそも車名が読めない。

自由に遊べる後部スペースが売りだった

三菱ミラージュXYVYX（ザイビクス）は３代目のミラージュに存在していた謎のグレードです。３ドアハッチバックですがリアのサイドウインドウはふさがれていて、まるで現金輸送車のよう。そしてなぜか「２シーター」なのです。つまり後部に座席はありません。で、空いた後部の空間は「クリエイティブスペース」と名付けられました。デュアルグラストップ仕様とマルチトップ仕様もあり、マルチトップのカプセル内にはテレビモニター付きのシアターステーション等がありました。しかしあまりにも狙いが奇抜すぎたのか、XYVYXはあまり売れませんでした。ま、そりゃそうですよね。

ご覧のとおり座席は２つだけ。後部に広く取ってあるクリエイティブスペースは使い方自在。シアター感覚で使えるようになるオプションも販売されました。

MITSUBISHI MIRAGE XYVYX

1987～1991年

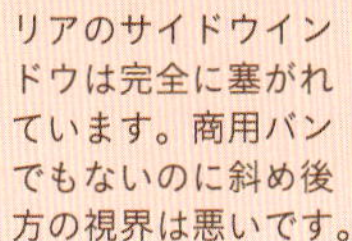

リアのサイドウインドウは完全に塞がれています。商用バンでもないのに斜め後方の視界は悪いです。

3代目ミラージュは三菱車らしい直線的な顔つきが魅力でした。顔はいいんです。

外観からは少なくとも４人は乗れそうな雰囲気ですが、２シーター。後部はキャビンではありません。

ザイビクスを含むミラージュの一部グレードは昼夜でメーターの色が変わるカメレオンメーターを装備しています。また、専用オプションでソニー製の９スピーカーサラウンダムシステムを搭載できました。……オーディオマニア向け？

SPEC

《発売年月》
1987年10月

《エンジン種類》
直4 SOHC

《総排気量》
1468cc

《最高出力／最大トルク》
73ps/11.9kg・m

《全長／全幅／全高》
3950×1670×1410mm

《車両重量》
870kg

《諸元記載グレード》
1500XYVYX

ホンダ／アヴァンシア

ざんねん度 ★★★★☆

この失敗事例を見て、「物事はシンプルに伝えよう」と決意した人は多い（かも）

ステーションワゴンではないのですか……？

ホンダ アヴァンシアは1999年に登場したステーションワゴン、いや、ホンダいわく「４ドアクラブデッキ」です。耳慣れない単語ですが、要は「ミニバン並みの居住空間を持つ、高級な５人乗り車」ということらしいです。シート表皮はエントリーグレードでもハーフレザーで、リアシートはリクライニング＆スライド機構付き。さらにメーカーオプションの「Gパッケージ」を選択すると、後部座席はちょっとしたリムジンっぽい雰囲気になります。かなり凝ったクルマだったのですが、「結局どんなクルマなのか？」ということがうまく伝わらずに販売は低迷。１代で消滅してしまいました。

オプションで当時最新の車速・車間制御機能を搭載可能。さまざまな新技術を取り入れた意欲的なクルマでした。

HONDA AVANCIER

1999～2003年

ゆるやかに下ったルーフやサイドのガラス部分は、'80年代に販売されたホンダアコードエアロデッキに似ています。

高級感と広い室内空間が開発コンセプト。ですが高級セダンとRVのいいとこ取りは難しかった模様です。

日本国内では振るわず、2003年で販売終了してしまったアヴァンシアですが、名前だけは2016年に復活しています。中国向けに開発されたクロスオーバーSUVがアヴァンシアと命名されたのです。高級感と居住性の高さは先代譲りです。

SPEC

《発売年月》
1999年９月

《エンジン種類》
直4 SOHC

《総排気量》
2253cc

《最高出力／最大トルク》
150ps/21.0kg･m

《全長／全幅／全高》
4700×1790×1500mm

《車両重量》
1500kg

《諸元記載グレード》
L

スバル／R1&R2

ざんねん度 ★★★★☆

デザイン良し！エンジン良し！でも、時代は味方しなかった……。

主流はもう、トールタイプの軽だった……

スバルR2は2003年に登場したデザインコンシャスな軽自動車で、R1のほうは2005年に登場した、2+2シーターパッケージ（乗車定員4名でも、1～2名乗車をメインとする作り）の軽自動車です。どちらもデザインはとてもステキで、世界のどこへ出しても恥ずかしくないデキでした。クルマ全体としてもなかなかの実力で、両者とも軽自動車らしからぬ凝った作りの4気筒エンジンを搭載していました。しかし当時、軽自動車の世界は「とにかく居住性！（背が高くないとダメ！）」という方向へと走り始めていたため、名作だったはずのR1とR2は、その狭さゆえに敬遠されてしまいました。

てんとう虫の愛称で親しまれた1958年発売のクルマ、スバル360のコンセプトを受け継いでいます。

SUBARU R1

2005～2010年

燃費はかなり良好。エコカー減税の基準にも適合していた、とてもクリーンなクルマなんです。

1人乗りでも車内レイアウトを自由に変えられるように、運転席から操作して、助手席や後席の背もたれを倒す機能を備えています。

R1に先んじて登場した、姉妹車であるR2。R1にも言えることですが、居住性が犠牲となっているものの、デザインや内装の質感は優れていました。実用性を重視するばかりでなく、たまには遊び心のあるクルマに目を向けてもいいはず！

SPEC

《発売年月》
2005年1月

《エンジン種類》
直4 DOHC

《総排気量》
658cc

《最高出力／最大トルク》
54ps/6.4kg・m

《全長／全幅／全高》
3285×1475×1510mm

《車両重量》
800kg

《諸元記載グレード》
R（R1）

スバル／ヴィヴィオ ビストロ

ざんねん度 ★★★★☆

せっかくの4気筒を活かせないまま、トンビに油揚げを……。

往年の欧州車をイメージしたマスクの持ち主

スバルのヴィヴィオ ビストロは1995年に登場した「レトロ顔の軽自動車」。クラシック顔が好評でしたが、せっかくの4気筒エンジンなのに（軽自動車は3気筒の場合が多いのです）、エンジン音がうるさいのはちょっとざんねんでした。しかしそれ以上に、スバルがこのクルマに対し、さほど手をかけなかったため、後にダイハツにコンセプトを上手にマネされ、ビジネス的な“おいしいところ”をさらわれてしまったのが、実はいちばんざんねんかもしれません。

SUBARU VIVIO BISTRO

1995～1998年

レトロブームに火をつけたのはスバルのヴィヴィオ ビストロですが、ダイハツはミラやアトレー、オプティなどさまざまな車種でクラシックタイプを発表し、話題を集めました。

SPEC

《発売年月》
1995年11月

《エンジン種類》
直4 SOHC

《総排気量》
658cc

《最高出力／最大トルク》
48ps/5.6kg・m

《全長／全幅／全高》
3295×1395×1375mm

《車両重量》
690kg

《諸元記載グレード》
ビストロ

三菱／ギャラン スポーツ

ざんねん度 ★★★★☆

すべての要素を足したことで逆にすべてが不明になった全部盛り失敗作。

下手にRV路線に寄せようとしたのが誤りだった

三菱ギャランスポーツは、5ドアハッチバックにいろいろな装飾を施したモデルです。当時5ドアハッチバックは日本では不人気で、時代はRV。「ならハッチバックをRV風にして、さらにスポーティにすれば売れるんじゃね？」みたいな感じでギャランにグリルガードとルーフレールが付けられ、パジェロ風の2トーンカラーに塗られ、そしてスポーツカー風のリアスポイラーも付けられました。当然、そのような「何がなんだかわからないクルマ」は売れません。

MITSUBISHI GALANT SPORTS

1994～1996年

一応ルーフレール付きですし、ラゲッジスペースもある程度広いのですが、RVが欲しい人は素直にそちらを買うはず。そしてリアスポイラーは付いていても、速そうには見えません。

SPEC

《発売年月》
1994年8月

《エンジン種類》
V6 SOHC

《総排気量》
1998cc

《最高出力／最大トルク》
145ps/18.5kg･m

《全長／全幅／全高》
4625×1730×1440mm

《車両重量》
1290kg

《諸元記載グレード》
スポーツ

PART 4

スズキ／4代目セルボ（セルボモード）

ざんねん度 ★★★☆☆

「余裕を感じさせる軽」という試みは常に失敗に終わるのか？

上質な軽自動車を狙ったものの……

セルボモードは、スズキの軽自動車である「セルボ」の4代目として1990年に登場したモデルです。エクステリアとインテリアは、軽自動車にありがちな「効率重視」ではなく「余裕と遊び」を感じさせるデザインと素材を採用し、エンジンの主役に新設計の4気筒DOHC 16バルブ インタークーラーターボを据えました。つまり「上質な軽自動車」を狙ったのです。しかしその狙いと魅力はユーザーに伝わらなかったようで、ざんねんながらヒットには至りませんでした。そしてその後の1993年に登場したトールタイプの効率的な軽自動車「ワゴンR」に、主役の座は完全に奪われました。

先代セルボからのモデルチェンジによって、スズキのハッチバック軽自動車、アルトの上位モデル的な位置づけになりました。

SUZUKI CERVO MODE

1990～1998年

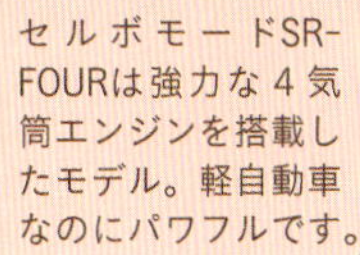

セルボモードSR-FOURは強力な４気筒エンジンを搭載したモデル。軽自動車なのにパワフルです。

1991年の改良でブレーキが４輪ともディスクブレーキになりました。パワフルなクルマには、強力なブレーキが必要なんです。

パワフルなエンジンを積んでいるのに、車体はかなり軽量。走りを楽しみたい層にマッチする軽でした。

1995年10月のマイナーチェンジに合わせて、クラシック仕様のセルボCも登場しました。スバル ヴィヴィオビストロがきっかけとなったレトロ風ブームに乗っかって、ご覧のとおりのブスカワイイ（？）、インパクトのある面構えに……。

SPEC

《発売年月》
1990年７月

《エンジン種類》
直4 DOHC+ターボ

《総排気量》
658cc

《最高出力／最大トルク》
64ps/8.4kg・m

《全長／全幅／全高》
3295×1395×1370mm

《車両重量》
670kg

《諸元記載グレード》
SR-FOUR

スバル／インプレッサ グラベルEX

ざんねん度 ★★★★☆

商業的には失敗作だがフォレスターやXVはコレがあったからこそ？

クロスカントリー車風の意欲的モデル

こちらは、初代スバル インプレッサスポーツワゴンWRXの最低地上高を上げ、フロントにガードバー、リアにはスペアタイヤを装着したモデルです。クロカンっぽい雰囲気でありながらインプレッサWRXと同じ強力なターボエンジンを搭載する……という意欲作でしたが、そのコンセプトは当時は受け入れられず、生産台数わずか1313台で終了してしまいました。でも今にして思えば、後のスバルXVやフォレスターの登場に一役買ったモデルだったのかもしれません。

SUBARU IMPREZA GRAVEL EX

1995～1996年

見た目のわりにスポーティな走りができる、というギャップに魅力を感じた人は少なかった模様。また、これ見よがしに付いたスペアタイヤがいちいち邪魔というのも難点でした。

SPEC

《発売年月》
1995年10月

《エンジン種類》
水平対向4気筒
DOHC+ターボ

《総排気量》
1994cc

《最高出力／最大トルク》
220ps/28.5kg･m

《全長／全幅／全高》
4595×1690×1470mm

《車両重量》
1310kg

《諸元記載グレード》
グラベルEX（MT）

マツダ／ユーノス プレッソ&AZ-3

ざんねん度 ★★★★★

「1.8ℓなのにV6」という、バブル期の人以外には考えつかない謎発想。

小型で無駄にパワフル過ぎるスペシャルティカー

ユーノス プレッソは、多チャンネル戦略を展開していた時代のマツダが1991年に発売した３ドアハッチバッククーペで、AZ-3はオートザム店で販売された兄弟車です。当時の量産エンジンとしては世界最小であった「1.8ℓ V型6気筒」という凝った設計のエンジンを搭載したのですが、日本市場ではその良さがいまひとつ伝わりませんでした。そして普通のエンジンより部品点数が多いため、故障発生の確率が上がり、いよいよ人気薄になったのです。

MAZDA EUNOS PRESSO

1991～1998年

プレッソとAZ-3の外観上の違いは、エンブレムが違う程度。V6エンジンを搭載していたのは当初プレッソのみでしたが、後にAZ-3にも同エンジン搭載車が登場しました。

SPEC

《発売年月》
1991年６月

《エンジン種類》
V6 DOHC

《総排気量》
1844cc

《最高出力／最大トルク》
140ps/16.0kg･m

《全長／全幅／全高》
4215×1695×1310mm

《車両重量》
1130kg

《諸元記載グレード》
Hi-X

日産／2代目エクサ

ざんねん度 ★★★★★

「法規」の前には斬新なアイデアも無力と思い知らされる失敗事例。

ボディ形状を気分に合わせて付け替えたかった！

2代目の日産エクサは、本来であればなかなかの意欲作でした。ボディ形状的には着脱式のハッチゲートが備わる「クーペ」と、着脱式ハッチゲートとTバールーフトップが備わる「キャノピー」があったのですが、両者の車体は脱着式のリアハッチ以外は同一形状であるため、「気分と好みに応じて交換可能！」というのが、2代目エクサのそもそものコンセプトでした。

しかし日本の法規がその互換性を許さず、結果として「それぞれを別の車種として販売する」というかなりざんねんな状況になってしまったのです。開発者の皆さんも、さぞかし無念だったでしょう。

キャノピーモデルはスポーツワゴン感覚で使えます。見た目、特に横から見た時のスタイルがいい感じです。

NISSAN EXA (2nd)

1986～1990年

クーペモデル。ぱっと見は普通のクーペですが、ルーフを外してオープンにすることもできます。

初代から引き続きリトラクタブルヘッドライトを採用。かっこいいですからね。

ハッチゲートを外すことも可能。クーペ、キャノピーともに、爽快なオープンエアドライブが楽しめました。

北米では本来のコンセプトどおりに、クーペとキャノピーを切り替えられるという仕様で販売され、好評を得たようです。冷静に考えてみると、日本の場合は「外したキャノピー、どこに置くの？」なんて収納の問題がありますよね……。

SPEC

《発売年月》
1986年10月

《エンジン種類》
直4 DOHC

《総排気量》
1598cc

《最高出力／最大トルク》
120ps/14.0kg・m

《全長／全幅／全高》
4230×1680×1295mm

《車両重量》
1070kg

《諸元記載グレード》
Type A COUPE

ホンダ／初代インサイト

ざんねん度 ★★★☆☆

「作れば作るほど赤字」という企画にGOサインを出したのは誰？

燃費の良さでは他の追随を許さなかった

2009年に登場した２代目は５ドアのハイブリッド専用車で、2018年の冬に登場した３代目は４ドアセダンです。しかし1999年登場の初代ホンダ インサイトは、それらとはまったく異なる２人乗りの３ドアハッチバッククーペでした。

軽量化のためアルミをふんだんに使い、空力性能にも徹底的にこだわった「燃費アタッカー」だったのです。ですがそのためにコストがかかりすぎ、「作れば作るほど赤字になる」というジレンマにおちいってしまいました。

HONDA INSIGHT（1st）

1999～2006年

限界まで低燃費なクルマを目指した結果、実用性がやや微妙になってしまった点もざんねんなところ。せめて４人乗りが可能であれば、より広い層から支持されたかもしれません。

SPEC

《発売年月》
1999年９月

《エンジン種類》
直3 SOHC＋モーター

《総排気量》
995cc

《最高出力／最大トルク》
70ps/9.4kg・m

《全長／全幅／全高》
3940×1695×1355mm

《車両重量》
850kg

《諸元記載グレード》
インサイト（CVT）

トヨタ／ iQ

ざんねん度 ★★★★☆

その志や良しだが軽自動車大国でコレを売るのは無理。

確かに未来を感じたが割高感は否めない

トヨタiQは、2008年に登場した全長わずか3mの4人乗りコンパクトカーです。大きなクルマとの衝突も想定して設計した衝突安全ボディを採用しており、合計9つのエアバッグも標準装備しています。「自動車の未来」を考えて作られたトヨタの自信作だったのですが、専用部品が多いため採算性が悪く、またリアシートも正直めっちゃ狭いです。それでいて車両価格はけっこう高かったため、軽自動車が強い日本市場では苦戦。2016年には販売終了となりました。

TOYOTA iQ

2008～2016年

主にヨーロッパの各メーカーが開発を進めているマイクロカーに、トヨタ流のチャレンジを行った一台。性能もデザインも悪くないのですが、日本ではまだ需要が伸びず……。

SPEC

《発売年月》
2008年11月

《エンジン種類》
直3 DOHC

《総排気量》
996cc

《最高出力／最大トルク》
68ps/9.2kg･m

《全長／全幅／全高》
2985×1680×1500mm

《車両重量》
890kg

《諸元記載グレード》
100X

スズキ／キザシ

ざんねん度 ★★★★★

コンセプトカーには魔法がかかっていることを教えてくれた大事な一台。

真っ先に覆面パトカーだと思われてしまうレア車に

スズキ キザシは2009年に発売されたミドルクラスのセダンです。このクルマは発売される前、世界各地のモーターショーに「コンセプト・キザシ」という名で、3度出展されました。ワゴン、SUV、セダンと、出展されるたびにボディの形状が違いましたが、共通していたのは「あのスズキにこんなデザインができるのか」と驚かされるほど、伸びやかなスタイルです。誰もがその市販型に期待し、登場を待ち望みましたが、満を持して登場した市販型は、コンセプトカーとは違いました。どこかズングリとして、正直、野暮ったくもありました。現在は主に警察車両として活躍しています。

「世界の市場に向け、新しいクルマ作りに挑戦する兆しを見せる」という意味合いで名付けられました。

SUZUKI KIZASHI

2009～2015年

直線をほとんど使わず、曲線によってアスリートの躍動感を表現したデザインです。

累計登録台数の4分の1が、警察車両として納入されている、という説もあります。

2007年の第62回フランクフルトモーターショーで発表されたコンセプトカー、キザシは挑戦的なフォルムで話題を呼びました。しかしキザシ2、3（写真）とモデルを更新するにつれてマイルドになり、量産品ではわりと普通な見た目に……。

SPEC

《発売年月》
2009年10月

《エンジン種類》
直4 DOHC

《総排気量》
2393cc

《最高出力／最大トルク》
188ps/23.5kg･m

《全長／全幅／全高》
4650×1820×1480mm

《車両重量》
1490kg

《諸元記載グレード》
ベースグレード（FF）

「ざんねん」なメーカー BEST3

SELECT&TEXT：片岡英明

一体どこで道を間違えたのか……。ブランド消滅や事業撤退などの憂き目に遭った、ざんねんなメーカーたちをご紹介します。

1位 サターン

サターンはゼネラルモーターズが日本車やドイツ車に対抗するために設立した新ブランド。納車セレモニーやユーザーをスプリングヒル工場に招いてのミーティングなど、新しい販売方法に積極的に挑んだ。1990年代半ばに日本にも進出し、「礼をつくす会社、礼をつくすクルマ」のスローガンが話題となった。右ハンドルの４ドアセダンとステーションワゴンのほかクーペも設定し、走りの実力も高い。が、知名度が低く、アメリカ車は大きくて豪華というイメージが強かったので、販売は伸び悩んだ。結果、５年足らずで日本市場から撤退。ざんねん。

2位 サーブ

サーブは、航空機メーカーを母体とするスウェーデンの自動車メーカー。時代に先駆けて採用したモノコック構造のボディやFF方式、優れたエアロダイナミクス、量産車初のターボエンジンなど、スバルと同じように航空機技術を駆使して良質なクルマづくりを行っていた。日本でも1970年代半ばから名を知られるようになり、'80年代には900シリーズがそれなりの販売実績を残した。'90年にゼネラルモーターズ傘下となり、日本でもミツワ自動車やヤナセが販売を行ったが、GMの破綻によりサターンと同様、ブランド消滅の憂き目に遭った。ざんねん。

3位 いすゞ自動車

いすゞは、伊勢神宮の潔斎の場となる五十鈴川に由来する社名を持つ、老舗の自動車メーカー。1916年に設立し、ディーゼルエンジンの技術力の高さが評判になる。戦後はイギリスのルーツグループと提携、ヒルマンミンクスなどの生産を行った。そのノウハウを駆使してベレットや117クーペなどの名車を生み、日本を代表するメーカーにのしあがる。一時はトヨタ、日産とともに「自動車御三家」の一角をなしたが、'80年代に失速し、'93年に乗用車の開発と生産から撤退。2002年には日本でＳＵＶの販売も打ち切った。ファンが多かっただけに、ざんねん。

名前&そのほか いろいろざんねん！

「命」といっても過言ではないほど、車名はクルマにとって大事なものです。ですが、その名前が「ざんねん」を引き起こすこともあるわけで……。車名、そしてとにかく、いろいろ「ざんねん」なクルマを紹介します！

トヨタ／初代セリカXX

ざんねん度 ★★★★★

米国では「Hな映画」を想起させてしまうざんねんすぎる車名。

ラグジュアリーな大人の高級車……とは受け取れません

初代トヨタ セリカXXは4気筒版セリカの上級車種として、6気筒エンジンを搭載して1978年に登場したGTカーです。XXという車名は「ダブルエックス」と読みます。なんだかカッコいい響きですよね。しかしアメリカでは当時、「X」というのは映画の成人指定の度合いを示すアルファベットでした。そのため「これはまずい!」ということで、北米向けを含めたすべての輸出用セリカXXは「SUPRA(スープラ)」へと車名を変えて販売されたのでした。

TOYOTA CELICA XX

1978～1981年(初代)

北米向けの需要を狙い、セリカの上級車種として開発されました。えんじ色の内装や七宝焼調のエンブレムなど、高級感のある装飾を取り入れたトヨタ車の元祖です。

SPEC

《発売年月》
1978年4月

《エンジン種類》
直6 SOHC

《総排気量》
2563cc

《最高出力／最大トルク》
140ps/21.5kg・m

《全長／全幅／全高》
4600×1650×1310mm

《車両重量》
1180kg

《諸元記載グレード》
2600・G

いすゞ／ビッグホーン

ざんねん度 ★★★★☆

英語の俗語ではHornは男性のシンボル。BigなHorn、……なるほど。

イメージしたのはオオツノヒツジです。オオツノヒツジなんです

いすゞビッグホーンは1981年にデビューした、いすゞのクロスカントリー4WDです。車名の由来は、ロッキー山脈の岩場を軽々と走り回る「オオツノヒツジ」というヒツジからきているとのこと。しかし角を意味するホーン（horn）は、英語の俗語で男性器を意味していることがわかりました。そのため、日本では「いすゞビッグホーン」として販売されたこのクルマは、海外では「トゥルーパー（TROOPER）」「カリベ442（CARIBE442）」などの車名で販売されました。

ISUZU BIGHORN

1981～1991年（初代）

RVブームに先駆けて登場したレジャー向け車両の草分け的存在ですが、販売では苦戦。フロントマスクがランドローバー社のレンジローバーに似ていたため批判されたことも……。

SPEC

《発売年月》
1981年9月

《エンジン種類》
直4 OHV ディーゼルターボ

《総排気量》
2238cc

《最高出力／最大トルク》
82ps/18.1kg･m

《全長／全幅／全高》
4470×1670×1820mm

《車両重量》
1680kg

《諸元記載グレード》
ワゴンターボディーゼル
LSロング

マツダ／エチュード

ざんねん度 ★★★★☆

どこか突き抜けた感のない作り込みに終始したのは「練習曲」という車名のせい？

練習ではなく本番のつもりで力を注ぐべきだった？

マツダ エチュードは、1987年から1990年にかけて販売された3ドアのパーソナルクーペ。「スペシャルティカー」という触れ込みでしたが、それにしては華やかさに欠ける内外装や平凡な走行性能が災いしたのか、販売は振るわず、わずか3年で生産終了となりました。「都会派らしいさりげない洒落っぽさ」をテーマに掲げていたのですが、さりげなさすぎたのでしょうか？　もしくは「エチュード＝練習曲」という名前がいけなかったのかもしれませんね。

MAZDA ÉTUDE

1987～1990年

マツダ ファミリアの全長を伸ばし、全高を下げて高級感のあるクーペに。側面から後部にかけて凹凸をなくし、空気抵抗を減らしたデザイン(フラッシュサーフェス)が特徴。

SPEC

《発売年月》
1987年１月

《エンジン種類》
直4 DOHC

《総排気量》
1597cc

《最高出力／最大トルク》
110ps/13.5kg・m

《全長／全幅／全高》
4105×1645×1355mm

《車両重量》
980kg

《諸元記載グレード》
Gi

ダイハツ／パイザー

ざんねん度★★★☆☆

「お、パイザー」。文字ではなく声に出してわかる、その狙い。アグネス・ラムさん、いいよね。

シルクロードの通行許可証、「パイザー」が由来だそうです

ダイハツ パイザーは1996年に登場したトールワゴン型の小型乗用車。パッケージングも使い勝手も良好でしたが、地味だったせいか、大ヒットには至りませんでした。しかしそれよりも、アグネス・ラムさんが登場するCMで、彼女の豊かなバスト（推定90cm）にひっかけた「お、パイザー」というセクハラまがいのコピーがいけなかったのかもしれません。男性陣は喜びましたが、あれのせいでパイザーを選択肢から外した女性もいたかもしれませんから。

DAIHATSU PYZAR

1996～2002年

広い室内スペースやフルオートエアコンなど、居住環境を充実させたクルマ。高級感のある本革シートや木目調パネルは満足感を与えてくれる仕上がりなのですが、流行らず。

SPEC

《発売年月》
1996年８月

《エンジン種類》
直4 SOHC

《総排気量》
1498cc

《最高出力／最大トルク》
100ps/13.0kg･m

《全長／全幅／全高》
4050×1640×1595mm

《車両重量》
1030kg

《諸元記載グレード》
CL

三菱／スタリオン

ざんねん度 ★★★★☆

「こじつけの度合いがキツすぎる」と言われた三菱の種馬（つづりは違うけど）

スター＋アリオンなんてひねり過ぎ？

三菱スタリオンは1982年にデビューしたスペシャルティクーペで、軽自動車を除けば、三菱自動車が最後に製造した後輪駆動車です。スタリオンという車名はstar（星）とarion（ヘラクレスも乗ったというギリシャ神話の名馬）を組み合わせた造語で、「ヘラクレスの愛馬アリオンが今、星になって帰ってきた」というのがキャッチコピーでした。しかし「さすがにこじつけすぎだろ！っていうか英語の種馬＝Stallionと似てないか？」などの声も噴出しました。

MITSUBISHI STARION

1982～1990年

米国市場を意識して、加速力重視のエンジンセッティングや直線の多いデザインを取り入れたのですが、海外ではこじつけの激しい車名のせいでスペルミスを疑われたことも。

SPEC

《発売年月》
1982年５月

《エンジン種類》
直4 SOHC ターボ

《総排気量》
1997cc

《最高出力／最大トルク》
175ps/25.0kg･m

《全長／全幅／全高》
4400×1695×1320mm

《車両重量》
1225kg

《諸元記載グレード》
2000ターボGSR-III

マツダ／ラピュタ

ざんねん度 ★★★☆☆

「天空の城」とかのアレを言いたかったはずだが、スペイン語では……。

元ネタのガリバー旅行記はブラックな風刺が満載

ラピュタは、マツダが1999年から2005年にかけて販売していたクロスオーバーSUVタイプの軽自動車で、スズキKeiのOEM版です。マツダはおそらく『ガリバー旅行記』に出てくる、空に浮かんで自在に移動できる島「ラピュタ（Laputa）」にちなんでこの車名を付けたのでしょう。しかし世界で３億人が使用しているスペイン語では、ラピュタ（La puta）とは性的サービスを提供することで金銭を得る女性を意味します。難しいですね、スペイン語。

MAZDA LAPUTA

1999～2005年

スズキ Keiのマツダ仕様車。セダンとSUVの間にあたる軽自動車として登場しました。セダンより高めの全高で視界は良好。それでいて立体駐車場にも対応する高さでした。

SPEC

《発売年月》
1999年３月

《エンジン種類》
直3 SOHC+ターボ

《総排気量》
657cc

《最高出力／最大トルク》
60ps/8.5kg・m

《全長／全幅／全高》
3395×1475×1545mm

《車両重量》
720kg

《諸元記載グレード》
3ドア X 2WD

日産／フーガ

ざんねん度 ★★★☆☆

まさか「腐りかけのキノコ」に聞こえてしまうなんて、英語の達人以外はさすがに……。

日本やイタリアでは通用するネーミング

日産フーガは、2004年から製造販売されている日産のアッパークラスセダンです。フーガという車名は音楽用語のFuga（遁走曲）と日本語の「風雅」から来ているもので、「（音楽形式の）フーガのような調和」と「上品で優美さ（風雅）」との意味が込められているとのこと。しかし英語を母語とする人間が「Fuga」と聞くと、自動的に「腐りかけたマッシュルーム」を連想してしまうのだそうです。横文字のネーミングというのはやっぱり難しいですねぇ。

NISSAN FUGA

2004～2009年（初代）

長い歴史を持つ高級セダン、セドリック（グロリア）の後継車として発売されました。イメージを刷新して若い世代を開拓するため、（主に日本人向けに）車名を変更しています。

SPEC

《発売年月》
2004年10月

《エンジン種類》
V6 DOHC

《総排気量》
2495cc

《最高出力／最大トルク》
210ps/27.0kg・m

《全長／全幅／全高》
4830×1795×1510mm

《車両重量》
1630kg

《諸元記載グレード》
250XV

三菱／ミラージュディンゴ

ざんねん度 ★★★★☆

いい名前だと思った。でもそれはオーストラリアの危険生物と同じ名だった。

どうせカブるなら、もっと可愛い動物と……

三菱ミラージュ ディンゴは、1999年から2002年にかけて販売された、「スマート・ユーティリティ・ワゴン」をテーマとする小型トールワゴン。ディンゴという車名は「三菱のダイヤモンドの"D"と、思いがけない喜びなどを表す"Bingo!"からの造語」とのこと。しかしオーストラリアには「ディンゴ」というオオカミの一種がいて、そいつは過去に人間の赤ちゃんを食べてしまったりしています。偶然かもしれませんが、大変な名前を付けてしまったものです。

MITSUBISHI MIRAGE DINGO

1999～2002年

三菱の提案する「スマート・ユーティリティ・ワゴン」として登場。ほぼ同期に開発されていた同社のトッポBJと、デザインの一部が似すぎという意見もありました。

SPEC

《発売年月》
1999年 1 月

《エンジン種類》
直4 DOHC

《総排気量》
1468cc

《最高出力／最大トルク》
105ps/14.3kg･m

《全長／全幅／全高》
3885×1695×1635mm

《車両重量》
1180kg

《諸元記載グレード》
ディンゴ

三菱／パジェロJr フライングパグ

ざんねん度 ★★★★☆

「ヤマネコの息子で、空飛ぶパグ犬」ム●ゴロウさんもビックリ！

ヤマネコとパグ犬の生物界を揺るがすマリアージュ

三菱パジェロジュニアは「パジェロの弟分」的存在。そのなかの「パジェロジュニア フライングパグ」は1997年に登場した限定モデルです。しかしパジェロ(PAJERO) というのは山猫の「パジェロキャット」から採った車名なのに、いきなり「空飛ぶパグ（犬)」というのはどうなんでしょう？「フライングアメリカンショートヘア」とか「フライング三毛猫」とか、ネコ科でまとめていただけると、ざんねんと言われることもなかったでしょうに。

MITSUBISHI PAJERO-Jr. FLYING PUG

1997年（1000台限定）

三菱カープラザの20周年記念限定車として登場。通常のパジェロジュニアをレトロ風の外見に変更しています。内装も一部を木目調に変更し、クラシック感を出しています。

SPEC

《発売年月》
1997年 9 月

《エンジン種類》
直4 SOHC

《総排気量》
1094cc

《最高出力／最大トルク》
80ps/10.0kg・m

《全長／全幅／全高》
3500×1545×1660mm

《車両重量》
980kg

《諸元記載グレード》
フライング パグ

三菱／レグナム

ざんねん度 ★★★☆☆

英語の語感ではズバリ「あー、足がしびれた！」

ラテン語圏で通る名前が英語圏では通らず……

三菱レグナムは、8代目の三菱ギャランをベースに作られたステーションワゴンです。レグナムという車名は、ラテン語で王権・王位を意味する「Regnum」から採ったとのこと。しかし英語圏の人は、「レグナム」と聞くと自動的に「leg numb（レッグナム＝足がしびれる）」というフレーズを想起してしまうため、微妙な気持ちになるのだそうです。そのため北米では「ギャランエステート」、欧州では「ギャラン コンビ」という名前で販売されました。

MITSUBISHI LEGNUM

1996～2002年

当時人気だったスバル レガシィツーリングワゴンの対抗馬と目されたクルマです。ギャラン店とカープラザ店の2チャネルで同時展開するため、ギャランの名は使われませんでした。

SPEC

《発売年月》
1996年8月

《エンジン種類》
直4 DOHC

《総排気量》
1834cc

《最高出力／最大トルク》
150ps/18.2kg・m

《全長／全幅／全高》
4670×1740×1500mm

《車両重量》
1330kg

《諸元記載グレード》
ST

スバル／2代目インプレッサ

ざんねん度 ★★★★☆

7年間で2度の大型顔面整形。もはや何がなんだか……。

フロントデザイン変更で毎回印象変わり過ぎ

マニアはGD／GG系と呼ぶ2代目のスバル インプレッサは、走りに関しては大変素晴らしいクルマでした。しかし何を思ったのか、スバルは二度にわたる顔面整形（フェイスリフト）をこのクルマに施しました。それも顔だけ見れば、それぞれ別のクルマに見えるほどの大手術です。スバリストと呼ばれる熱狂的なスバルファンには「鷹目」と呼ばれる最終型が人気のようですが、デザインのまとまりからいけば、最初の丸目が一番マトモなような気がしてなりません。しかし、その丸目についても「トヨタ カローラのラリーカー（WRC）にそっくり！」という指摘は多かったようです。

中期（2002年11月のマイナーチェンジ以降）の顔は通称「涙目」と呼ばれる優しい顔立ち。実は内部もかなり改修しています。

SUBARU IMPREZA (2nd)

2000～2007年

後期（2005年６月のマイナーチェンジ以降）の顔。２度のデザイン変更によって、「鷹目」の険しい顔つきになりました……。

１回めのマイナーチェンジではエンジンやシャシーなども大きく改良しましたが、今回はそこまでじゃないです。

前期のフロントデザインは「丸目」が特徴。２代目インプレッサは外観のデザインを変更すると共に、細かい改修を重ねていきました。それぞれのバージョンを比べてみると、実質別のクルマのようにフィーリングが異なります。

SPEC

《発売年月》
2000年８月

《エンジン種類》
水平対向4気筒 DOHC

《総排気量》
1994cc

《最高出力／最大トルク》
155ps/20.0kg･m

《全長／全幅／全高》
4405×1730×1440mm

《車両重量》
1310kg

《諸元記載グレード》
WRX NA

ホンダ／S-MX

ざんねん度 ★★★★☆

シートを倒せば すぐそこにティッシュケース。これがホンダの「恋愛仕様」

走るベッドルーム的な使い方には便利だった

ホンダS-MXは、1996年から2002年まで製造販売されていたトールワゴン型のコンパクトカーです。当時のホンダが呼んでいた「クリエイティブ・ムーバー」の1車種で、スタイリング的には明らかに若者層をターゲットとしたものです。そしてシートをフルフラットにすると、手が届く範囲に「ティッシュケースが入るスペース」があるなど、いかにも若者らしいちょっとHな使い方（?）にも万全な体制で応えてくれるクルマだったのです。ただし最初のうちは若者を中心によく売れましたが、おじさん層には見向きもされなかったため、販売はわりとすぐジリ貧になってしまいました。

ホンダのRV車に付けられた「クリエイティブ・ムーバー」というシリーズの一台です。

HONDA S-MX

1996～2002年

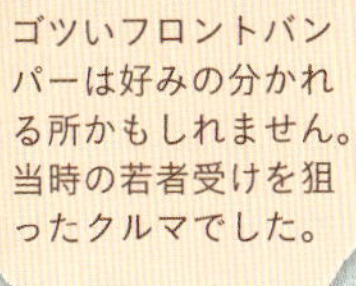

ゴツいフロントバンパーは好みの分かれる所かもしれません。当時の若者受けを狙ったクルマでした。

ファミリー向けのイメージだった初代ステップワゴンと比べると、全長を切り詰めています。

フルフラットシートと広い室内空間は居心地抜群。車中泊がしやすいため、アウトドア好きからの需要もありました。4人乗り仕様と5人乗り仕様が用意され、4人乗り仕様は写真のように前後席ともにベンチシートを採用していました。

SPEC

SPEC
《発売年月》 1996年11月
《エンジン種類》 直4 DOHC
《総排気量》 1972cc
《最高出力／最大トルク》 130ps/18.7kg･m
《全長／全幅／全高》 3950×1695×1750mm
《車両重量》 1330kg
《諸元記載グレード》 S-MX

マツダ／ボンゴ フレンディ

ざんねん度 ★★★☆☆

古風な商用バンがベースながら創意工夫で善戦したが、さすがに限界はあった。

ミニバンの時代に抗い続けた努力のクルマ

マツダのボンゴ フレンディは、1995年から2005年にかけて販売されたワンボックス車。ルーフ部分が電動で持ち上がる「オートフリートップ」という装備をご記憶の人も多いでしょう。頑張って作られたボンゴ フレンディでしたが、当時の日本はすでに「ミニバン」の時代。商用バンをベースとするボンゴフレンディはエンジンが運転席の下にあるという設計上、車内をウォークスルーにすることもできず、商用バンベースゆえに高速走行時の横風にもかなり弱いという、弱点を抱えざるを得ませんでした。でも年々改良されましたし、多くの人に愛されたクルマではありました。

ルーフ部分が電動で持ち上がってテントになる、オートフリートップ。大人２人が横になれる広さです。

MAZDA BONGO FRIENDEE

1995～2005年

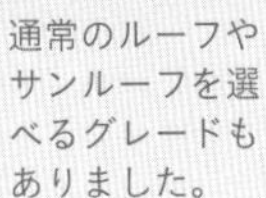

通常のルーフやサンルーフを選べるグレードもありました。

ガソリンエンジンだけでなく、ディーゼルエンジン仕様も用意されていました。

いかにもこの中にエンジンが入ってそうに見えますが、エンジンは運転席の下。ここは事故の時に潰れることで乗員を守る「クラッシャブルゾーン」に使われました。

エンジン位置の都合から床面がやや高く、室内空間はイメージよりも狭い印象でした。しかし、キャンピングカー的な用途で使える点やオートフリートップのインパクトから、アウトドア派のユーザーには根強い人気のあった一台です。

SPEC

《発売年月》
1995年 6 月

《エンジン種類》
直4 SOHC
ディーゼルターボ

《総排気量》
2499cc

《最高出力／最大トルク》
125ps/30.0kg･m

《全長／全幅／全高》
4585×1690×2090mm

《車両重量》
1730kg

《諸元記載グレード》
RS-V オートフリートップ

トヨタ/7代目カローラ

ざんねん度 ★★★☆☆

ちょっと勢い余って(?)「SE-L」と付けたらSELの本家からクレームが。

メルセデス・ベンツから「紛らわしい」とチクリ

7代目のトヨタ カローラが発売されたのはバブル崩壊後の1991年ですが、設計はバブルの最中に行われたため、その内外装と装備類はかなり豪華でした。まぁカローラが豪華であることの是非はさておき、上級グレードに「SE-L」という名前を付けたのははやりすぎでした。というのも、古くから「SEL」というグレードを用意していたメルセデス・ベンツからクレームが入ったのです。結果、カローラSE-Lは「SEリミテッド」へと改名されました。

TOYOTA CAROLLA (7th)

1991～1995年

電装部品に金メッキ端子を使い接触不良を防ぐ、ボディの大部分に防錆亜鉛メッキ合金を用い錆対策を行うなど徹底したクオリティアップが図られた、実に豪華な大衆車です。

SPEC

《発売年月》
1991年6月

《エンジン種類》
直4 DOHC

《総排気量》
1498cc

《最高出力/最大トルク》
105ps/13.8kg·m

《全長/全幅/全高》
4270×1685×1380mm

《車両重量》
1010kg

《諸元記載グレード》
SE-L

マツダ／3代目MPV

ざんねん度 ★★★★☆

「いいモノなら売れる」とは限らない現実の厳しさを教えてくれました。

PART 1 PART 2 PART 3 PART 4 PART 5 PART 6

他社のミニバンに比べてやや狭かったからか？

３代目のマツダMPVは、2006年から2016年まで販売されたマツダのミニバンです。キャッチコピーは「スポーツカーの発想で、ミニバンを変える」というカッコいいもので、エンジンも（当時としては）先進的な直噴ターボエンジンを採用するなどかなり頑張りました。後輪のサスペンションもマルチリンク式（かなり凝った作りの上等なサスペンション）です。それなのに、不人気でした。なぜ売れなかったのかはわかりませんが、とにかくざんねんです。

MAZDA MPV (3rd)

2006～2016年

国産ミニバンのなかではかなり広い全幅ですが、小回りが利く設計でした。良好な燃費と排ガス対策で、環境性能も優秀。刀をイメージしたシャープなデザインも魅力でした。

SPEC

《発売年月》
2006年２月

《エンジン種類》
直4 DOHC

《総排気量》
2260cc

《最高出力／最大トルク》
163ps/21.4kg･m

《全長／全幅／全高》
4860×1850×1685mm

《車両重量》
1720kg

《諸元記載グレード》
23F

クルマなんでも世界記録

世界一の称号を持つクルマ。それがどのようなクルマなのか……？
あのギネスに認定された、クルマにまつわる様々な記録をご紹介します。

世界一速いクルマ
→ SSC Programme Ltd（イギリス）／スラストSSC

1997年10月、米国ネバダ州の荒野でスラストSSCというクルマが時速1227.985Kmを達成しました。２基のジェットエンジンを装備したボディは、さながら地面を走るロケット！　世界初の「音速を突破したクルマ」でもあります。

市販車で世界一小型のクルマ
→ ピール（イギリス）／P50

全長1,340mm、全幅990mmの極小ボディが愛らしいP50は、元々は1962年から1965年にかけて生産されていた三輪マイクロカーです。2010年に電気自動車として復刻され、その際にギネスに認定されました

世界一長いクルマ
→ Jay Ohrberg（アメリカ）／改造リムジン

1986年、30.5m（100フィート）、なんと10階建てのビルを横にしたようなのリムジンが最長のクルマとして認定されました。26個ものタイヤで支えられたボディには、プールやキングサイズのウォーターベッドまで完備。ただ、ざんねんなことに公道は走れません……。

世界一高額で取引されたクルマ
→ フェラーリ（イタリア）／250GTO

2014年8月14日、米国カリフォルニア州で開催されたモントレー・カー・ウイークで行われた個人間のオークションで、1963年製の250GTOが7,000万ドル（約77億500万円）で購入されました。買い手は米国の実業家だそう。世界に36台しか生産されなかったなかの１台です。

市販車で世界一速いクルマ
→ ブガッティ（フランス）／ヴェイロン16.4スーパースポーツ

2010年７月、ヴェイロン16.4 スーパースポーツが時速431.072kmの記録を出し、ギネスにおいて最速の量産車になりました。ただし、市販モデルにはリミッターがあるため、ざんねんながらこの速度は出せません。時速415kmまでです。

世界で最も多く生産されているクルマ
→ トヨタ（日本）／カローラ

150以上の国・地域で販売されてきたカローラ。2011年に3700万台という生産台数がギネスに登録されています。さらに2013年のトヨタによる発表では、累計販売台数が4000万台を突破したというから驚き。まさに世界一の大衆車といえます。

世界一多く販売された2シーター・オープンスポーツクーペ
→ マツダ（日本）／ロードスター

2014年4月、94万台という販売台数でギネスが認定。2016年4月のマツダによる発表で累計生産台数100万台を達成したことが明らかになっています。ちなみに海外での販売名称はMX-5。日本だけでなく、海外にも根強いファンが多いようです。

世界一車高が低いクルマ（公道を走れるもの）
→ おかやま山陽高校（日本）／MIRAI（ミライ）

2010年11月15日、日本の高校生たちによるプロジェクトが低車高世界記録を更新しました。その数字は45.2cm。この車高を実現するため、F1カーを参考にするなど、随所に工夫が凝らされた電気自動車です。若者たちのクルマ離れを払拭する情熱の結晶!?

※上記の記録は2018年11月1日現在のものです。

PART 6 ざんねんな輸入車たち!

個性派揃いの輸入車は魅力的なクルマの宝庫。ですがその個性もあまりに度が過ぎると、買う側を置いてきぼりにしかねません。それが「ざんねん」なことであることは、説明の必要もありませんね?

フィアット／ムルティプラ

ざんねん度 ★★★★★

「醜い顔だ」と罵られ、普通にしたら「つまらん」と言われ。じゃあどうすりゃいいの!?

じっくり観察すると愛嬌がある顔に見えてくる？

フィアット ムルティプラは1998年に登場したイタリア製の6人乗り乗用車です。まるで深海魚のような（？）変顔が話題になりイギリスのデイリー・テレグラフ紙が企画した「史上最も醜い車100選」で2位に輝いたり、そのほかにも「この車は乗ったほうがいい。なぜならば車内にいるかぎり、醜い外観を目にしなくて済むから」など、さんざんなことを言われました。じゃあ、ということで2004年のマイナーチェンジでシンプルな顔に変更したのですが、今度は「つまらない」と言われてしまいました。じゃあどうすりゃいいんだよ！ と、ムルティプラもキレていることでしょう。

日本仕様車は1.6ℓと1.9ℓ、2種類のエンジンから選べましたが、1.9ℓだと税金面で不利になり、1.6ℓでは他社の同クラスより維持費がかさむことに……。

FIAT MULTIPLA

1998～2010年

個性的過ぎるフロントマスク。ハイビーム用のヘッドランプがこんな位置についています。

独立したシートが並んだ６人乗り。運転席以外は個別にたたんだり、取り外しができます。

2004年にマイナーチェンジが実施されて面白フェイスではなくなりましたが、今度は地味な印象に……。前年に同社の小型ハッチバック、プントがマイナーチェンジをしていたのですが、それと似たようなデザインだった点もざんねんでした。

SPEC

《日本登場年月》
2003年４月

《エンジン種類》
直4 DOHC

《総排気量》
1596cc

《最高出力／最大トルク》
103ps/14.8kg･m

《全長／全幅／全高》
4005×1875×1670mm

《車両重量》
1360kg

《諸元記載グレード》
ELX

シトロエン／C3プルリエル

ざんねん度 ★★★★★

外せるパネルは素敵だが ところでそのパネル、どこに保管すればいいの？

広～い車庫の持ち主なら大丈夫そうですが

シトロエンC3プルリエルは、1台でさまざまなボディ形状を実現できるフランスの小型車です。プルリエルというのはフランス語で“複数”という意味で、その名のとおりC3プルリエルは、取り外し式のルーフライン「サイドアーチ」と電動ソフトトップの組み合わせにより、計5種類のボディ形状を楽しむことができました。例えばリアウインドウをしまうと「カブリオレ」になり、ルーフ左右のサイドアーチを取ると「スパイダー」になります。それはいいのですが、問題は「外したサイドアーチを車内に収納できない」ということ。外して出かけるなら天気予報の確認が欠かせませんね。

アルミ製のサイドアーチは片方だけで約12kg。クルマに収納スペースはありません。

CITROËN C3 PLURIEL

2003～2010年

完全に締めた状態の「サルーン」。ソフトトップを開ければ「パノラミックサルーン」になります。

オートエアコンや６スピーカー＆オーディオ、オートワイパーやフォグランプなど、かなり充実した装備です。

完全オープンなスパイダーモードは爽快感抜群ですが、左右の重いアーチを外す手間、そして収納場所のことを考えると気が滅入ってしまいます。でも、そこまでしないでアーチを残した状態でも、充分開放感を楽しめるクルマです。

SPEC

《日本登場年月》
2005年４月

《エンジン種類》
直4 DOHC

《総排気量》
1587cc

《最高出力／最大トルク》
110ps/15.3kg・m

《全長／全幅／全高》
3935×1710×1560mm

《車両重量》
1210kg

《諸元記載グレード》
ベースグレード

ジープ／3代目ラングラー

ざんねん度 ★★★★★

大人4人がかりで初めて脱着できる超重いルーフ。一人暮らしの人はどうする?

気軽に付け替えできないのがざんねん

ジープ ラングラーは、アメリカのクライスラー社が製造販売しているクロスカントリー4WD。そのカタチは今なお、戦争映画に出てくる「昔の軍用ジープ」とほぼ同じです(中身は大幅に変わっていますが)。こちらのラングラーにも取り外し可能な「フリーダムトップ」というのが用意されており、気候が良い時期はルーフを外して荒野を走るのが、ラングラーオーナーのお約束です。でもこのトップが本当に重く、脱着には大人4人の力が必要です。しかもデカいので、取り外したモノを置いておく場所の確保も日本ではかなり大変です。アメリカの広い家なら問題ないのかもしれませんが。

3代目ジープ ラングラーはサイズがデカい! それでも居住性はそこそこ。男のクルマなのです。

JEEP WRANGLER (3rd)

2007～2018

ルーフ部分はフロント2枚、リア1枚の合計3枚のパネルで構成されていて、組み合わせ自在です。

縦に７本並んだスロットグリルはジープ伝統のデザイン。丸いヘッドライトも特徴的です。

取り外しできるパネルは３枚。そのうちリアの１枚は激重で、１人で脱着するのは辛すぎですが、運転席と助手席にそれぞれある２枚はそれほどではありません。オープンカー的な楽しみ方をしたいなら、手前だけ外すのもアリでしょう。

SPEC

《日本登場年月》
2007年３月

《エンジン種類》
V6 OHV

《総排気量》
3782cc

《最高出力／最大トルク》
199ps/32.1kg・m

《全長／全幅／全高》
4185×1880×1865mm

《車両重量》
1770kg

《諸元記載グレード》
スポーツ4AT

ルノー／アヴァンタイム

ざんねん度 ★★★★★

ミニバン？いやクーペです。売れましたかって？売れるわけないでしょ！（←逆ギレ）

見てくれ重視で使い勝手が悪すぎた！

ルノー アヴァンタイムは2001年に登場したミニバン、いや、フランスのルノー社いわく「2ドアクーペ」です。いわゆるミニバンである「エスパスⅢ」がベースなのですが、こちらは左右２枚のドアしか持っておらず、しかも外観もインテリアもかなり芸術的というか、おしゃれ系なデザインです。そのため、ごく一部に熱狂的なファンは生んだのですが、商業的には失敗に終わりました。デカい図体のわりに車内は狭く、そしてバカでかいドア（長さ1.4mもあります）が重たすぎたのでしょうか。しかし唯一無二の存在ではあるため、状態の良い中古車は今なお高値で取引されています。

ミニバンのようなルックスですが居住性はよくありません。リアシートの足元は狭いです。

RENAULT AVANTIME

2001～2003年

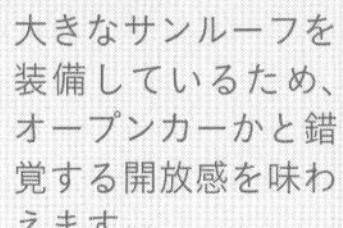

大きなサンルーフを装備しているため、オープンカーかと錯覚する開放感を味わえます。

ピラーがない構造のため、シートベルトはシート側面から伸びる独特の方式です。

とにかくデカいドアは、狭い駐車場で後席へ乗り込む時など大変でした。

インテリアはシンプルながら高級感のある仕様で、レザーシートは安心感のある頑丈なつくりです。実用性はありませんが、「ミニバンとオープンカーの要素を持ったクーペ」という突飛な発想を実現した、唯一無二のクルマです。

SPEC

《日本登場年月》
2002年11月

《エンジン種類》
V6 DOHC

《総排気量》
2946cc

《最高出力／最大トルク》
207ps/28.5kg・m

《全長／全幅／全高》
4660×1835×1630mm

《車両重量》
1790kg

《諸元記載グレード》
ベースグレード

サターン／Sシリーズ

ざんねん度 ★★★★★

幻の「日本車キラー」は自らをキルして早々に日本から撤退。

セダンもクーペもワゴンも用意したのに……

サターンはアメリカGM社の100%子会社だった自動車メーカーで、1990年に登場した「Sシリーズ」は、当時の日本車に対抗するため作られたモデルです。「日本車キラー」というフレーズをご記憶の方も多いかもしれません。でも実際のサターンは「日本車キラー」にはなれませんでした。初期モデルの内装質感はきわめてチープで、ハンドリングも大味。そして日本における販売拠点の数も少ないままビジネスをスタートさせてしまったため、残念ながら見向きもされませんでした。もっと準備に時間をかけてから日本に上陸すれば、違った結果になったかもしれないのですが……。

日本で展開されたSシリーズは1997年４月から販売された２代目です。

SATURN S-series

1996～1999年

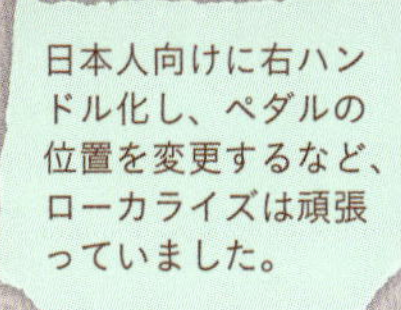

顔つきはやる気マンマンでした。顔だけだったのがざんねんです。

ドアや車体側面に樹脂パネルを使用しています。たとえぶつけても、小さな凹みなら時間が立てば戻るという代物です。

日本では高出力なDOHCエンジンを搭載したモデルのみを販売。クーペには1999年のマイナーチェンジの際、乗降しやすい工夫がなされたドアを備えたバリエーションが作られましたが、やっぱり日本のユーザーには響きませんでした。

SPEC

《日本登場年月》
1997年 4 月

《エンジン種類》
直4 DOHC

《総排気量》
1901cc

《最高出力／最大トルク》
124ps/16.8kg･m

《全長／全幅／全高》
4520×1695×1385mm

《車両重量》
1120kg

《諸元記載グレード》
SL2セダン ベースグレード

フォード／Ka（カー）

ざんねん度 ★★★★☆

日本のOLさんに「MT車で通勤を」と言ってもちょっと難しいかも……。

市場調査に失敗したのか？ AT仕様がない！

フォードKaは1996年に登場した小型車で、“キモカワイイ”的なデザイン性を備えていました。日本への正規輸入は1999年に始まったのですが、なんとフォードは「２ドアの５MT仕様のみ販売する」という暴挙（？）に出たのです。それで本当に至れり尽くせりの軽自動車がそろっている日本で売れると思ったのでしょうか？ 結果は、当然売れませんでした。デザインに引かれてKaに興味を持ったOLさんも、「MTしかない」と知るとすぐに「じゃあいらない」と帰っていったのです。しかしMT車の運転に抵抗さえなければいいクルマですので、これを２台続けて買った人もいたりはします。

2000年前後のフォードは、張りのある曲面に鋭いエッジが入ったような不思議なデザインを多用していました。

FORD Ka

1996～2008年

搭載しているエンジンは古めかしい作りで非力。なのにエンジンの制御システムは最新型というちぐはぐさ。

高温多湿な環境に対応するため、日本向けにラジエターの大型化など細かく仕様変更されています。

グネグネとした曲線を使った有機的なインテリアは不思議な感覚。電動サンルーフや電動ドアミラー、リアゲートの開放ボタンなど、日本仕様は装備面がかなり充実していました。ここまで気合を入れたのに、どうしてATナシなの……。

SPEC

《日本登場年月》
1999年２月

《エンジン種類》
直4 OHV

《総排気量》
1293cc

《最高出力／最大トルク》
60ps/10.5kg・m

《全長／全幅／全高》
3660×1640×1400mm

《車両重量》
940kg

《諸元記載グレード》
ベースグレード

おわりに

20世紀の初頭から、広大な国土を持つアメリカでは馬車に代わる移動手段として自動車が持てはやされるようになった。出せば売れるから多くの自動車メーカーが誕生し、量産体制を確立している。当然、自動車の大衆化はバリエーションを積極的に増やすことにつながった。これはヨーロッパも日本も同じだ。そこで違いをわかりやすくするために、社名の後ろにアルファベットや数字を使った表記方法を用いるメーカーが増えてくる。それでも対応しきれなくなると車名を付け、存在感を際立たせた。戦後は販売量が大きく増え、カテゴリーやクラス分けも多岐にわたるようになる。1960年代にはアメリカを追ってドイツが伸び、1970年代の半ばからは日本が生産台数を伸ばし、積極的にバリエーションを広げていった。

この時代のクルマはデザインが個性的だ。メカニズムも進化の度合いが大きかったから、多くの人が注目の目を向けた。経済成長による好景気も追い風となり、多くのクルマは販売を伸ばしている。だが、なかには前途を閉ざされた「ざんねん」なクルマもあった。資本自由化の時には自動車メーカー

の統廃合が続き、環境悪化やオイルショックの荒波に飲まれ、消えていったクルマもある。名車・コンテッサを生み出した日野自動車はトラックとバスの専門メーカーに転身し、かつては自動車御三家といわれたいすゞ自動車も、日本市場向けの乗用車の生産をやめた。

志が高く、技術レベルも高かった。が、時代が味方せず、販売が伸び悩んだクルマは多い。しかし、失敗は成功の元だ。何らかの落ち度があって「ざんねん」なクルマの烙印を押されてしまったクルマのなかにも、姿形、時には車名も変われど、次のチャンスで蘇ったクルマもある。ゼネラルモーターズや日産もかつて経営危機に瀕したが不死鳥のように蘇った。苦境に立ったことが、逆にクルマやメーカーの価値と魅力を再確認させることもあるのだ。本書に登場した「ざんねん」なクルマもこの苦い経験を糧にし、次は大成功するクルマとして登場してほしいと願っている。自動車に関わった者としては、一度の失敗で自動車史から消えていくことほど「ざんねん」なことはない。

片岡英明

ざんねんなクルマ事典 索引

あ

RX-8　マツダ …… 048
R1　スバル …… 106
R2　スバル …… 107
iQ　トヨタ …… 117
アヴァンシア　ホンダ …… 104
アヴァンタイム　ルノー …… 148
アプローズ　ダイハツ …… 061
アルシオーネSVX　スバル …… 056
インサイト（初代）　ホンダ …… 116
インテグラ（3代目）　ホンダ …… 014
インプレッサ カサブランカ　スバル …… 034
インプレッサ グラベルEX　スバル …… 112
インプレッサ（2代目）　スバル …… 132
ヴィヴィオ ビストロ　スバル …… 108
WiLL Vi　トヨタ …… 010
WiLL サイファ　トヨタ …… 032
ヴェイロン 16.4 スーパースポーツ　ブガッティ …… 140
ヴォルツ　トヨタ …… 025
エアトレック スポーツギア　三菱 …… 035
エクサ（2代目）　日産 …… 114
S-MX　ホンダ …… 134
Sシリーズ　サターン …… 150
エチュード　マツダ …… 124
X-90　スズキ …… 012

MPV（3代目） マツダ …………………………… 139
オートザム AZ-1 マツダ …………………………… 054
オートザム AZ-3 マツダ …………………………… 113
オートザム クレフ マツダ …………………………… 024
オートザム レビュー マツダ …………………………… 026
オロチ ミツオカ …………………………… 066

か

Ka（カー） フォード …………………………… 152
改造リムジン Jay Ohrberg …………………… 140
カペラ（5代目） マツダ …………………………… 074
カムリ（2代目） トヨタ …………………………… 060
カローラ トヨタ …………………………… 140
カローラ（7代目） トヨタ …………………………… 138
キザシ スズキ …………………………… 118
キャバリエ トヨタ …………………………… 094
ギャラン スポーツ 三菱…………………………… 109
キューブ キュービック 日産…………………………… 062
グランドハイエース トヨタ …………………………… 022
クロスロード（2代目） ホンダ …………………………… 053
コロナ スーパールーミー トヨタ …………………………… 033

さ

CR-Xデルソル ホンダ …………………………… 090
CR-Z ホンダ …………………………… 050
C3プルリエル シトロエン …………………………… 144
ジェミニ（2代目） いすゞ …………………………… 068
ジェミニ（3代目） いすゞ …………………………… 042
シティ ターボII ホンダ …………………………… 070
シビック（3代目） ホンダ …………………………… 086
シルビア（3代目） 日産…………………………… 082
シルビア（5代目） 日産…………………………… 072

スカイライン（7代目）　日産…… 098
スカイラインGT-R（初代）　日産…… 088
スタリオン　三菱…… 126
スラストSSC　SSC Programme Ltd…… 140
Z（2代目）　ホンダ…… 045
セラ　トヨタ…… 038
セリカXX（初代）　トヨタ…… 122
セルボC　スズキ…… 111
セルボ（4代目。セルボモード）　スズキ…… 110

た

トゥデイ（2代目）　ホンダ…… 029
トッポBJワイド　三菱…… 052

な

2000GT　トヨタ…… 036
250GTO　フェラーリ…… 140
ネイキッド　ダイハツ…… 092

は

パイザー　ダイハツ…… 125
パジェロJr フライングパグ　三菱…… 130
パルサー EXA　日産…… 085
ピアッツァ（初代）　いすゞ…… 084
ビークロス　いすゞ…… 044
P50　ピール…… 140
bB（2代目）　トヨタ…… 020
ビッグホーン　いすゞ…… 123
フーガ　日産…… 128
ブレイドマスター　トヨタ…… 076
プレーリー（初代）　日産…… 080
ボンゴ フレンディ　マツダ…… 136

ま

マーチ（初代）　日産……………………………………030
ミゼットII　ダイハツ ………………………………040
ミゼットIIカーゴ　ダイハツ ………………………………040
ミニカ タウンビー（初代）　三菱……………………………………016
ミニカトッポ（初代）　三菱……………………………………096
ミラージュ ザイビクス（XYVYX）　三菱……………………………………102
ミラージュ ディンゴ　三菱……………………………………129
MIRAI（ミライ）　おかやま山陽高校 ………………140
ムルティプラ　フィアット…………………………………142
モビリオ　ホンダ ………………………………………028

や

ユーノス コスモ　マツダ ………………………………………078
ユーノス プレッソ　マツダ ………………………………………113

ら

ラシーン　日産……………………………………046
ラピュタ　マツダ ………………………………………127
ラングラー（3代目）　ジープ ………………………………………146
リーザ　ダイハツ ………………………………058
リーザ スパイダー　ダイハツ ………………………………059
レガシィ ブリッツェン（3代目）　スバル ………………………………………100
レグナム　三菱……………………………………131
レパード J.フェリー　日産……………………………………018
ロードスター　マツダ ………………………………………140

わ

ワゴンRワイド　スズキ ………………………………………049

モータージャーナリスト

片岡 英明

Hideaki Kataoka

独自の視点から新型車を分析し、デザインや素材にも強いこだわりを持つモータージャーナリスト。ユーザー視点に立ったわかりやすい評論で評価が高い。また、クラシックカーやオールドカーに対する知識を豊富に持ち、特に日本のクラシックカーや絶版車、珍車についての記事は定評があり、ファンも多い。日本自動車ジャーナリスト協会（AJAJ） 会員。

ざんねんなクルマ事典（じてん）

2018年12月６日　第１刷発行
2024年４月24日　第８刷発行

監　修　　片岡英明（かたおかひであき）

編　集　　ベストカー編集部

発行者　　出樋一親／森田浩章

編集発行　株式会社 講談社ビーシー
〒112-0013 東京都文京区音羽1-18-10
電話 03-3941-2429（編集部）

発売発行　株式会社 講談社
〒112-8001 東京都文京区音羽2-12-21
電話 03-5395-5817（販売）
電話 03-5395-3615（業務）

印刷所　　株式会社ＫＰＳプロダクツ

製本所　　牧製本印刷株式会社

KODANSHA

ISBN978-4-06-512907-4